JEC-0103-2005

電気学会　電気規格調査会標準規格

低圧制御回路試験電圧標準

緒　　言

1. 改訂の経緯と要旨

　JEC-210-1981（低圧制御回路絶縁試験法・試験電圧標準）は，電力機器，設備の低圧制御回路の絶縁強度を確認する試験方法，試験電圧値などを定めた基本規格であり，1981年制定以来，保護リレー，遮断器などの個々の機器規格に横断的に適用され，すでに20年以上が経過した。

　一方，近年のディジタル形保護制御装置やガス絶縁開閉装置（Gas Insulated Switchgear，以下GISと称する）の普及に代表される，電力設備の形態の急速な変化に伴い，低圧制御回路が保有すべき性能として，従来の絶縁性能に加え，開閉サージに対するイミュニティ規定を追加する必要性が高まってきた。

　また，国際規格に目を向けると，雷サージや開閉サージなどに対する電気・電子機器のイミュニティの規格化が進んでおり，IEC TC 77 においては，IEC TS 61000-6-5 Edition 1.0-2001（Electromagnetic compatibility (EMC) - Part 6-5：Generic standards - Immunity for power station and substation environments，2001年7月）により，発変電所における低圧制御回路のイミュニティに関する規定が提示されている。

　このような情勢のもと，低圧制御回路試験電圧標準特別委員会は平成14年10月に改訂作業に着手した。その後約2年間慎重に審議した結果，JEC-0103-2005（低圧制御回路試験電圧標準）は平成17年2月に成案を得て，平成17年5月24日に電気規格調査会委員会総会の承認を経て改訂されたものである。規格の改訂にあたっては，IEC規格との整合性について留意するとともに，最近の技術進歩に即し基本規格としての内容の充実に努めた。

　JEC-210-1981と比較した主な改訂点は以下のとおりである。

(1) IECにおけるイミュニティ規格の制定状況を踏まえ，以下のイミュニティ試験を新たに追加した。
　・減衰振動波イミュニティ試験
　・電気的ファストトランジェント／バーストイミュニティ試験（以下，EFT／Bイミュニティ試験と称する）
　・サージイミュニティ試験
　・方形波インパルスイミュニティ試験

(2) 上記試験のうち，方形波インパルスイミュニティ試験については，IEC規格には採用されていないが，国内において10年以上の適用実績があること，試験波形の周波数と電圧の存在範囲がGIS開閉サージのそれと共通性があり，試験として妥当性を見いだせたことから，本規格に採用することとした。

(3) 上記試験のうち，減衰振動波イミュニティ試験における周波数100 kHzの試験は，IEC規格では規定されているが，対象とする開閉サージの周波数はMHzオーダが主であること，国内における実施実績がほと

委　　員	加藤　松吉	（高岳製作所）	委　　員	三宅　勝幸	（中部電力）
同	川崎　智之	（東　芝）	幹事補佐	山本　捷敏	（東　芝）
同	櫛田　眞	（日立製作所）	途中退任委員	石橋　督介	（東北電力）
同	佐藤　亮	（東北電力）	同	一色　伸友	（四国電力）
同	茂村　敏明	（四国電力）	同	岡田　英二	（日新電機）
同	下村　正	（関西電力）	同	小村　広司	（関西電力）

5. 部　会

部会名：送配電部会

委員長	山口　博	（東京電力）	1号委員	前川　雄一	（電源開発）
副委員長	青嶋　義晴	（関西電力）	2号委員	岡　圭介	（関東電気保安協会）
同	松村　基史	（富士電機システムズ）	同	尾崎　勇造	（電力中央研究所）
幹　事	磯崎　正則	（東京電力）	同	河村　達雄	（東京大学）
1号委員	加藤　淳	（旭電機）	同	小林　昭夫	（東　芝）
同	小島　泰雄	（フジクラ）	同	坂本　雄吉	（工学気象研究所）
同	鈴木　健一	（中部電力）	同	高須　和彦	（電力中央研究所）
同	徳田　正満	（武蔵工業大学）	同	横山　明彦	（東京大学）
同	西村　誠介	（横浜国立大学）	幹事補佐	足立　浩一	（東京電力）
同	福島　章	（経済産業省）			

6. 電気規格調査会

会　　長	鈴木　俊男	（電力中央研究所）	理　　事	佐々木三郎	（学会研究経営担当副会長）
副会長	松瀬　貢規	（明治大学）	同	田井　一郎	（学会研究経営理事）
同	松村　基史	（富士電機システムズ）	2号委員	奥村　浩士	（広島工業大学）
理　　事	渡邉　朝紀	（鉄道総合技術研究所）	同	小黒　龍一	（九州工業大学）
同	青嶋　義晴	（関西電力）	同	小山　茂夫	（日本大学）
同	今駒　嵩	（日本ガイシ）	同	斎藤　浩海	（東北大学）
同	島田　元生	（ビスキャス）	同	湯本　雅恵	（武蔵工業大学）
同	山口　博	（東京電力）	同	大和田野芳郎	（産業技術総合研究所）
同	大木　義路	（早稲田大学）	同	山下　廣行	（国土交通省）
同	片瓜　伴夫	（東　芝）	同	大房　孝宏	（北海道電力）
同	瀬戸　和吉	（経済産業省）	同	村田　猛	（東北電力）
同	高橋　治男	（東　芝）	同	森　榮一	（北陸電力）
同	近藤　良太郎	（日本電機工業会）	同	城後　譲	（中部電力）
同	笹木　憲司	（明電舎）	同	熊谷　鋭	（中国電力）
同	安田　正史	（電源開発）	同	石原　勉	（四国電力）
同	滝沢　照広	（日立製作所）	同	外村　健二	（九州電力）
同	中西　邦雄	（横浜国立大学）	同	鈴木　英昭	（日本原子力発電）
同	永井　信夫	（三菱電機）	同	大西　忠治	（新日本製鐵）

2号委員	東濱　忠良	（東京地下鉄）		3号委員	小見山耕司	（電磁計測）
同	佐々木孝一	（東日本旅客鉄道）		同	黒沢　保広	（保護リレー装置）
同	筒井　幸雄	（安川電機）		同	森安　正司	（回転機）
同	柴田　俊夫	（日新電機）		同	細川　登	（電力用変圧器）
同	赤井　達	（横河電機）		同	中西　邦雄	（開閉装置）
同	福永　定夫	（ジェイ・パワーシステムズ）		同	松瀨　貢規	（パワーエレクトロニクス）
同	小山　茂	（松下電器産業）		同	河本　康太郎	（工業用電気加熱装置）
同	三浦　功	（フジクラ）		同	稲葉　次紀	（ヒューズ）
同	浅井　功	（日本電気協会）		同	村岡　隆	（電力用コンデンサ）
同	榎本　龍幸	（日本電設工業協会）		同	小島　宗次	（避雷器）
同	新畑　隆司	（日本電気計測器工業会）		同	安田　正史	（水　車）
同	高山　芳郎	（日本電線工業会）		同	横山　明彦	（標準電圧）
同	冨永　恵仁	（日本船舶標準協会）		同	坂本　雄吉	（架空送電線路）
同	花田　悌三	（日本電球工業会）		同	尾崎　勇造	（絶縁協調）
3号委員	岡部　洋一	（電気専門用語）		同	高須　和彦	（がいし）
同	徳田　正満	（電磁両立性）		同	河村　達雄	（高電圧試験方法）
同	多氣　昌生	（人体ばく露に関する電磁界の評価方法）		同	小林　昭夫	（短絡電流）
同	加曽利久夫	（電力量計）		同	岡　圭介	（活線作業用工具・設備）
同	中邑　達明	（計器用変成器）		同	大木　義路	（電気材料）
同	小屋敷辰次	（電力用通信）		同	島田　元生	（電線・ケーブル）
同	河田　良夫	（計測安全）		同	久保　敏	（鉄道電気設備）

JEC-0103-2005

電気学会　電気規格調査会標準規格

低圧制御回路試験電圧標準

目　　次

1. 適　用　範　囲 ……………………………………………………………………………… 7
2. 用　語　の　意　味 ………………………………………………………………………… 7
3. 試　験　の　種　類 ………………………………………………………………………… 10
4. 試　験　電　圧　値 ………………………………………………………………………… 11
5. 試　験　方　法 ……………………………………………………………………………… 13

附　属　書 ……………………………………………………………………………………… 17
　1. 商用周波耐電圧試験および雷インパルス耐電圧試験 ………………………………… 17
　2. 減衰振動波イミュニティ試験 …………………………………………………………… 19
　3. 電気的ファストトランジェント／バーストイミュニティ試験 ……………………… 22
　4. サージイミュニティ試験 ………………………………………………………………… 25
　5. 方形波インパルスイミュニティ試験 …………………………………………………… 28

参　　　考 ……………………………………………………………………………………… 32
　1. この規格の位置づけ ……………………………………………………………………… 32
　2. 商用周波試験電圧値の歴史的変遷 ……………………………………………………… 35
　3. 系統地絡時に所内低圧制御回路に発生する商用周波過電圧 ………………………… 36
　4. IEC規格における耐電圧試験と試験電圧値 …………………………………………… 38
　5. イミュニティ試験の背景 ………………………………………………………………… 40

解　　　説 ……………………………………………………………………………………… 42
　1. 形式試験・受入試験における試験項目を規定しなかったことについて …………… 42
　2. イミュニティ試験法の選定と試験電圧値について …………………………………… 42
　3. 回路区分例 ………………………………………………………………………………… 47
　4. 雷インパルス耐電圧試験値決定の考え方 ……………………………………………… 49
　5. 主回路に使用する遮断器・断路器などの操作回路および制御回路(回路区分2)の雷インパルス試験電圧値 ‥ 52
　6. 耐電圧試験条件 …………………………………………………………………………… 53
　7. 電動機の使用状況および障害発生状況 ………………………………………………… 55
　8. イミュニティ試験条件 …………………………………………………………………… 58
　9. 機器配置例 ………………………………………………………………………………… 61

JEC-0103-2005

電気学会　電気規格調査会標準規格

低圧制御回路試験電圧標準

1. 適 用 範 囲

　本規格は，公称電圧 3.3～500 kV の交流回路に接続される電力機器の低圧制御回路を対象として，その絶縁の強さを検証するために行う耐電圧および電磁妨害への強さを検証するために行うイミュニティに関する試験の種類，試験電圧および方法を定めたものである。

　備考 1.　本規格は，絶縁設計およびイミュニティの観点から一般の電力系統に接続される機器・設備の低圧制御回路に対して行う絶縁耐力試験およびイミュニティ試験の基本事項について総合的に規定するものである。
　　　 2.　対象とする低圧制御回路は，電気事業用の施設（発変電所・開閉所・これらに併設されている通信所・制御所・給電所など），高圧・特別高圧自家用のこれに準じる施設の保護・制御・操作・計測・監視などの装置・器具に関連する回路（交流 600 V 以下，直流 750 V 以下），ならびに計器用変圧器・変流器の二次回路・三次回路とした。
　　　 3.　本規格は，現状および今後の各種機器の低圧制御回路に標準的に適用するよう規定しているので，個々の機器規格は本規格を可能な範囲で準用することが望ましい。

2. 用 語 の 意 味

　本規格で使用される用語の意味を以下に示す。記載のない用語については，電気学会学術用語集電気工学編，電気学会電気専門用語集 No.17（絶縁協調・高電圧試験）および **JIS C 60050-161**（EMC に関する IEV 用語）の定義を適用する。

2.1　一　般

2.1.1　絶縁協調　　機器・装置・システムなどの絶縁の強さに関して技術上，経済上および運用上からみて最も合理的な状態になるように協調を図ること。

2.1.2　イミュニティ　　電磁妨害が存在する中で，性能上の障害を起こすことなく動作する機器・装置・システムなどの能力（耐ノイズ性能）。

2.1.3　回路区分　　絶縁協調およびイミュニティに関して保持すべき性能を，機器・装置・システムなどを単位とした回路ごとに示した区分。

2.1.4　過渡現象（トランジェント）　　対象とする時間スケールに比べて短い時間間隔で，二つの連続する定常状態の間を変化する現象もしくは量に関係するもの，またはその呼称。

2.1.5　システム　　指定された機能を遂行することによって，所定の目的を達成するために構成した相互依存の機器および装置の組合せ。

- **2.1.6 年間雷雨日数（IKL：IsoKeraunic Level）** ある地域で雷鳴を耳で聞いたり，雷光を目視で確認した日数を1年間にわたって合計した日数。

2.2 電圧を表す用語

- **2.2.1 過電圧** 系統または回路のある地点の対地・相間・回路間などに発生する通常の運転電圧を超える電圧。
- **2.2.2 商用周波耐電圧** 規定の試験条件下で，供試装置などが絶縁破壊を起こさない商用周波数の正弦波電圧。電圧値は通常，実効値で表す。
- **2.2.3 雷インパルス耐電圧** 規定の試験条件下で，供試装置などが絶縁破壊を起こさない規定された波形および極性をもつ雷インパルス電圧。電圧値は，波高値で表す。

2.3 波形に関する用語

- **2.3.1 インパルス** 突発的に発生するパルス波形。
- **2.3.2 電圧の波頭長（規約波頭長）** インパルスのピーク値の30％と90％との間の間隔の1.67倍として定義した規約パラメータ。
- **2.3.3 電流の波頭長（規約波頭長）** インパルスのピーク値の10％と90％との間の間隔の1.25倍として定義した規約パラメータ。
- **2.3.4 波尾長（規約波尾長）** 規約原点と電圧がピーク値の半分に減少するまでの時間間隔として定義する規約パラメータ。
- **2.3.5 立上り時間** パルスの瞬時値が最初に規定した下限値に達し，その後規定された上限値に達するまでの時間間隔。特に規定されていない場合，下限値・上限値は，ピーク値の10％および90％に固定とする。
- **2.3.6 減衰振動波** 包絡線が時間と共に単調に減衰する振動性波形。
- **2.3.7 バースト** 一定の時間間隔で生じる繰り返しパルス。
- **2.3.8 サージ** 電線路，電気所母線または接地網を進行する電圧または電流インパルス。
- **2.3.9 方形波** 直角波状の波形をもつパルス。
- **2.3.10 持続時間** 規定した波形または機能が存続または継続している時間。

2.4 過電圧保護装置に関する用語

- **2.4.1 サージ吸収器** 電気機器を過電圧から保護するとともに，流入電流の持続時間および振幅を制限する目的で設置した部品または機器。避雷器・保安器・サージ吸収コンデンサなどが相当する。
- **2.4.2 保護レベル** 避雷器または保安器により制限される過電圧の上限値。

2.5 機器・装置・システムなどの絶縁に関する用語

- **2.5.1 対地絶縁** 各種回路と大地間の絶縁。

2.6 機器・装置・システムなどのイミュニティに関する用語

- **2.6.1 電磁両立性（EMC：ElectroMagnetic Compatibility）** 複数の機器・装置・システムなどが存在する環境において，ほかの機器・装置・システムなどに対し許容できない妨害を発生せずに，かつ，その電磁環境で満足に機能する機器・装置・システムなどの能力。
- **2.6.2 電磁妨害** 機器・装置・システムなどの性能を低下，または悪影響を及ぼす可能性がある電磁的現象。
- **2.6.3 性能低下** 機器・装置・システムなどの動作状態が意図する性能から好ましくない方に外れること。
- **2.6.4 電磁障害（EMI：ElectroMagnetic Interference）** 電磁妨害によって引き起こされる機器・装置・

システムなどの性能低下。

- **2.6.5** 感受性（サセプタビリティ）　電磁妨害による機器・装置・システムなどの性能低下の発生しやすさ。
- **2.6.6** イミュニティレベル　機器・装置・システムなどが電磁妨害を受けた状態において，それらが要求される性能で動作しうる電磁妨害の最大レベル。

2.7　機器・装置・システムなどの試験に関する用語

- **2.7.1** 耐電圧試験　機器・装置・システムなどに所定の条件において所定の電圧を印加し，それに耐えることを確認する試験。
- **2.7.2** 商用周波耐電圧試験　機器・装置・システムなどに所定の商用周波試験電圧を規定時間印加し，絶縁破壊を生じることなく耐えることを確認する試験。
- **2.7.3** 雷インパルス耐電圧試験　機器・装置・システムなどに所定の雷インパルス試験電圧を規定回数印加し，絶縁破壊を生じることなく耐えることを確認する試験。
- **2.7.4** イミュニティ試験　機器・装置・システムなどに所定の条件において所定の電圧または電流を印加し，イミュニティを確認する試験。
- **2.7.5** 減衰振動波イミュニティ試験　機器・装置・システムなどに所定の減衰振動波を規定時間・規定回数印加し，イミュニティを確認する試験。
- **2.7.6** 電気的ファストトランジェント／バースト（**EFT／B**：Electrical Fast Transient / Burst）イミュニティ試験　機器・装置・システムなどに所定のファストトランジェント／バースト波を規定時間・規定回数印加し，イミュニティを確認する試験。
- **2.7.7** サージイミュニティ試験　機器・装置・システムなどに所定の雷サージ波を規定時間・規定回数印加し，イミュニティを確認する試験。
- **2.7.8** 方形波インパルスイミュニティ試験　機器・装置・システムなどに所定の方形波を規定時間・規定回数印加し，イミュニティを確認する試験。
- **2.7.9** 形式試験　ある形式に属する機器・装置・システムなどが，規格に定められた構造・性能を満足していることを検証するために行う試験。
- **2.7.10** 受入試験　形式試験に合格した形式の機器・装置・システムなどに関して，受入品の構造・性能が形式試験品と同等であることを検証するために行う試験。試験項目は，一般に個々の機器規格（製品の構造・性能などを規定する規格）で定められる。
- **2.7.11** 標準波形　各耐電圧，イミュニティ試験の標準となる波形。

2.8　試験装置・試験回路に関する用語

- **2.8.1** 結　合　回路間の相互作用。ある回路から他の回路へのエネルギーの伝達。
- **2.8.2** 結合回路　ある回路から別の回路へエネルギーを移動させる目的の電気回路。
- **2.8.3** 減結合回路　供試装置に印加したサージが，供試装置以外の機器・装置・システムなどに影響することを防ぐ目的の電気回路。
- **2.8.4** フレーム接地　きょう体の接地。

3. 試験の種類

3.1 耐電圧試験
耐電圧試験は,商用周波耐電圧試験および雷インパルス耐電圧試験の2種類とする。

3.1.1 商用周波耐電圧試験 商用周波耐電圧試験においては,規定の試験条件で供試回路に規定の交流電圧を規定時間印加して,絶縁破壊またはフラッシオーバを生じることなく,これに耐えることを確かめる。

3.1.2 雷インパルス耐電圧試験 雷インパルス耐電圧試験においては,規定の試験条件で供試回路に規定の雷インパルス電圧を規定回数印加して,絶縁破壊またはフラッシオーバを生じることなく,これに耐えることを確かめる。

3.2 イミュニティ試験
イミュニティ試験は,減衰振動波イミュニティ試験,電気的ファストトランジェント/バーストイミュニティ試験(EFT/Bイミュニティ試験),サージイミュニティ試験,方形波インパルスイミュニティ試験の4種類とする。
イミュニティ試験においては,規定の試験方法で,運転状態にある供試装置とその回路に規定の試験電圧または電流を印加したとき,誤動作・誤表示などの好ましくない応動がなく,性能上の支障を生じない[1]ことを確かめる。

注(1) "性能上の支障を生じない"とは,試験後,受入試験として要求される特性について確認し異常がないことをいう。

4. 試験電圧値

低圧制御回路の試験電圧値は，回路の種類により表1のとおり区分した回路区分[解説3]ごとに，表2のとおりとする。

表1　回路区分

回路区分	対象回路
1	主回路に使用する計器用変成器の二次回路・三次回路（本体側）
2	主回路に使用する遮断器・断路器などの操作回路・制御回路
2-1	特に絶縁の強さを重視する回路（電気事業用など）
2-2	特に絶縁の強さを重視する回路（電気事業用など）のうち，外来サージの移行経路においてサージ抑制対策が施されている回路[1]，または過大な雷サージが侵入するおそれのない回路[2]
2-3	一般産業用電力設備の回路
3	主機付属の補機の直流100〜200 V回路・交流100〜400 V回路
4	直接制御盤・保護継電器盤・遠方監視制御盤（子局）ならびにその他制御調整装置の計器用変成器の二次回路・三次回路（負担側）
5	直接制御盤・保護継電器盤・遠方監視制御盤（子局）などの直流100〜200 V回路・交流100〜400 V回路のうち，侵入サージレベルが比較的高い回路（遮断器・断路器などの制御回路ならびに表示・警報などの回路）
6	直接制御盤・保護継電器盤・遠方監視制御盤（子局）などの直流100〜200 V回路・交流100〜400 V回路のうち，侵入サージレベルが回路区分5よりも低い回路（盤内直流・交流母線・盤内シーケンス・盤間わたりなどの回路）
7	回路区分5・回路区分6以外の装置の直流100〜200 V回路・交流100〜400 V回路
7-1	特に絶縁の強さを重視する回路（電気事業用など）
7-2	一般産業用電力設備の回路
8	直流60 V以下・交流60 V以下の回路で侵入サージレベルの低いもの[3]

注(1)　たとえば，回路に接続される制御ケーブルが遮へい付であって，かつ，接地抵抗値が十分低い接地網に遮へい層の両端が接地された回路。
　(2)　たとえば，地下式変電所。
　(3)　直流60 V以下・交流60 V以下の回路であっても，侵入サージレベルが高いと考えられる回路は回路区分5・回路区分6または回路区分7を準用する。
備考1.　回路区分2-2の適用については，使用者が指定する。
　　2.　発電所の主変圧器より発電機側の主機を保護・制御する目的の回路区分5・回路区分6の装置で，一般に侵入サージレベルが低いものは回路区分7に含む。また，給電所・集中制御所などに設置される装置の直流100〜200 V回路・交流100〜400 V回路も回路区分7に含む。

表 2 低圧制御回路の試験電圧値

(単位：kV)

回路区分	商用周波耐電圧試験 対地	商用周波耐電圧試験 電気回路相互間	雷インパルス耐電圧試験 対地	雷インパルス耐電圧試験 電気回路相互間	雷インパルス耐電圧試験 接点極間およびコイル端子 計器用変成器回路	雷インパルス耐電圧試験 接点極間およびコイル端子 直流回路	雷インパルス耐電圧試験 接点極間およびコイル端子 交流回路	減衰振動波イミュニティ試験 対地	減衰振動波イミュニティ試験 電気回路端子間	EFT/Bイミュニティ試験 対地 入出力信号回路[7]	EFT/Bイミュニティ試験 対地 電源回路[6]	サージイミュニティ試験 対地	サージイミュニティ試験 電気回路端子間	方形波インパルスイミュニティ試験 対地	方形波インパルスイミュニティ試験 電気回路端子間
1	2	2	7	4.5	4.5										
2-1	2	−	7	3		3	3								
2-2[解説5]	2	−	5	3		3	3								
2-3	1.5	−	5	3		3	3								
3	2	−	3	3		3	3			(8)					
4	2	2	4	4.5	3[5]			2.5	−	1		2	1	1	−
5	2	−	4	3[4]	3[4]	−	−	2.5	2.5	1	2	2	1	1	−
6	2	−	4	−	−	−	−	−	−	0.5	1	−	−	−	−
7-1	2	−	−	−	−	−	−	−	−	0.5	1	−	−	−	−
7-2	1.5	−	−	−	−	−	−	−	−	0.5	1	−	−	−	−
8	−	−	−	−	−	−	−	−	−	−	−	−	−	−	−

注 (4) 遠方監視制御盤（子局）の補助リレーなど試験電圧に耐えない器具を使用する場合については、当事者間の協議により適切な対策を講じた上で試験を行う[解説6]。
 (5) 変流器の二次回路（負担側）端子間の雷インパルス耐電圧試験は、附属書 1 の 1.2 項による。
 (6) 電源回路とは供試装置の電源回路端子である。
 (7) 入出力信号回路とは供試装置の入出力信号回路端子・通信回路端子および制御回路端子である。
 (8) サージによる誤動作が懸念される電子機器がある場合、試験を適用する。試験電圧値は当事者間の協議による。

備考 1. 各回路区分相互間の商用周波耐電圧試験については規定しない（参考 1 参照）。
   2. 試験電圧値の記載のない区分 " − " は、試験電圧を規定しない。実施する場合は、個々の機器規格、または当事者間の協議による。
   3. イミュニティ試験相互間ならびにコイルおよび接点極間の雷インパルス耐電圧試験は、器具単体で行う試験に適用する。なお、ここでいう器具とは、装置を構成する部品として使用されるもの、または一定の機能を有する単体を指す。
   4. イミュニティ試験はディジタル形・アナログ静止形の装置・器具に適用する。
   5. 閉鎖形配電盤は、一般に回路区分 1〜8 に相当するさまざまな性質な回路の回路区分ごとにその回路の性格に応じた区分番号の試験電圧を適用するものとする。

5. 試験方法

5.1 商用周波耐電圧試験 (解説6)

5.1.1 試験電圧の波形・印加時間および回数 試験電圧の波形・印加時間および回数は，表3のとおりとする。

表3 試験電圧の波形・印加時間および回数

項　目	規定内容
波　形	商用周波正弦波
印加時間	1分間
回　数	1回

5.1.2 印加方法 試験電圧の印加箇所および印加方法は，表4のとおりとする。

表4 試験電圧の印加箇所および印加方法

印加方法区分	印加箇所	印加方法
1	一括対地	附属書1による
2	電気回路相互間	

備考 1. 試験は，試験電圧を，装置・器具などの外部引出し端子から印加して行う。
　　 2. サージ吸収器を有する装置に対し，一括対地試験を実施する場合には，サージ吸収器を外して規定の試験を実施する。なお，サージ吸収器を有する装置であっても，規定された電圧が印加できる場合は，当事者間の協議によりサージ吸収器を外さずに試験を実施してもよい。
　　 3. サージ吸収器が内部回路の一部として構成される器具に対しては，サージ吸収器を外さないで試験を実施する。
　　 4. 装置の一部に何らかの理由で試験に耐えない器具を使用する場合には，当事者間の協議により，該当器具を外して規定の試験を実施する。
　　 5. 試験対象回路以外の回路区分の外部端子の端末処理については，使用状態を考慮のうえ，当事者間の協議による。
　　 6. 試験は，電源回路などに接続しない休止状態にて実施する。

5.1.3 試験条件 試験条件は，JEC - 0201 - 1988（交流電圧絶縁試験）および個々の機器規格による。

5.2 雷インパルス耐電圧試験 (解説6)

5.2.1 試験電圧の波形・極性および回数 試験電圧の波形・極性および回数は，表5のとおりとする。

表5 試験電圧の波形・極性および回数

項　目	規定内容
波　形	標準雷インパルス波形
極性・回数	正および負を各3回

備考 低圧制御回路に発生するサージは，数十～数百kHzの振動波となることが多いが，これらの波形と標準雷インパルス波形とでは，絶縁耐力に及ぼす明確な差異が見出せないので，これまでの実績から従来どおり，標準雷インパルス波形を試験波形とした。

5.2.2 印加方法 試験電圧の印加箇所および印加方法は，表6のとおりとする。

表6 試験電圧の印加箇所および印加方法

印加方法区分	印加箇所	印加方法
1	一括対地	附属書1による
2	電気回路相互間	
3	接点極間	
4	コイル端子間	

備考1. 試験は，試験電圧を，装置・器具などの外部引出し端子から印加して行う。
   2. サージ吸収器を有する装置に対し，一括対地試験を実施する場合には，サージ吸収器を外して規定の試験を実施する。
   3. サージ吸収器が内部回路の一部として構成される器具に対しては，サージ吸収器を外さないで試験を実施する。
   4. 装置の一部に何らかの理由で試験に耐えない器具を使用する場合には，当事者間の協議により，該当器具を外して規定の試験を実施する。
   5. 試験対象回路以外の回路区分の外部端子の端末処理については，使用状態を考慮のうえ，当事者間の協議による。
   6. 直接制御盤，保護継電器盤および遠方監視制御盤（子局）の試験時に，実使用状態と異なる過大な移行電圧が発生するおそれがある場合には，当事者間の協議により適切な対策を講じた上で試験を行う。
   7. 試験は，電源回路などに接続しない休止状態にて実施する。

5.2.3 試験条件 試験条件は，JEC - 0202 - 1994（インパルス電圧・電流試験一般）および個々の機器規格による。

5.3 減衰振動波イミュニティ試験 (解説8)

5.3.1 試験電圧の波形・印加時間・極性および回数 試験電圧の波形・印加時間・極性および回数は，表7のとおりとする。

表7 試験電圧の波形・印加時間・極性および回数

項　目	規定内容
波　形	**附属書2**による
印加時間	2秒間
極性・回数	正または負を1回

5.3.2 印加方法 試験電圧の印加箇所および印加方法は，表8のとおりとする。

表8 試験電圧の印加箇所および印加方法

印加方法区分	回路種別	印加箇所	印加方法
1	入出力信号回路	計器用変成器回路一括対地	附属書2による
2		制御入出力回路一括対地	
3	電源回路	制御電源回路一括対地	
4		制御電源回路端子間	

備考1. 試験は，試験電圧を，装置・器具などの外部引出し端子から印加して行う。
   2. サージ吸収器を有する装置に対しては，サージ吸収器を外さないで規定の試験を実施する。
   3. 試験設備の制約などにより附属書2の印加方法が適用出来ない場合には，印加方法は当事者間の協議による。
   4. 試験は，電源回路などに接続した正常な運転状態にて実施する。

5.3.3 試験条件 試験条件は，附属書2および個々の機器規格による。

5.4 電気的ファストトランジェント／バーストイミュニティ試験 (解説8)

5.4.1 試験電圧の波形・印加時間・極性および回数 試験電圧の波形・印加時間・極性および回数は，表9

のとおりとする。

表9 試験電圧の波形・印加時間・極性および回数

項　　目	規定内容
波　　形	**附属書3による**
印加時間	1分間
極性・回数	正および負を各1回

5.4.2　印加方法　試験電圧の印加箇所および印加方法は，表10のとおりとする。

表10　試験電圧の印加箇所および印加方法

印加方法区分	回路種別	印加箇所	印加方法
1	入出力信号回路	計器用変成器回路一括対地	**附属書3による**
2		制御入出力回路一括対地	
3	電源回路	制御電源回路対地	

備考1.　試験は，試験電圧を，装置・器具などの外部引出し端子から印加して行う。
　　2.　サージ吸収器を有する装置に対しては，サージ吸収器を外さないで規定の試験を実施する。
　　3.　試験設備の制約などにより**附属書3**の印加方法が適用出来ない場合には，印加方法は当事者間の協議による。
　　4.　試験は，電源回路などに接続した正常な運転状態にて実施する。

5.4.3　試験条件　試験条件は，附属書3および個々の機器規格による。

5.5　サージイミュニティ試験 (解説8)

5.5.1　試験電圧・試験電流の波形ならびに極性・回数　試験電圧・試験電流の波形ならびに極性・回数は，表11のとおりとする。

表11　試験電圧・試験電流の波形ならびに極性・回数

項　　目	規定内容
波　　形	**附属書4による**
極性・回数	正および負を各5回

5.5.2　印加方法　試験電圧・試験電流の印加箇所および印加方法は，表12のとおりとする。

表12　試験電圧・試験電流の印加箇所および印加方法

印加方法区分	回路種別	印加箇所	印加方法
1	入出力信号回路	計器用変成器回路対地	**附属書4による**
2		計器用変成器回路端子間	
3		制御入出力回路対地	
4		制御入出力回路端子間	
5	電源回路	制御電源回路対地	
6		制御電源回路端子間	

備考1.　試験は，試験電圧を，装置・器具などの外部引出し端子から印加して行う。
　　2.　サージ吸収器を有する装置に対しては，サージ吸収器を外さないで規定の試験を実施する。
　　3.　試験電圧・試験電流の大きさが，供試装置の過電圧耐量・過電流耐量（公称値）を超える場合には，試験電圧・試験電流を低減して試験を実施する。
　　4.　試験設備の制約などにより**附属書4**の印加方法が適用出来ない場合には，印加方法は当事者間の協議による。
　　5.　試験は，電源回路などに接続した正常な運転状態にて実施する。

5.5.3　試験条件　試験条件は，附属書4および個々の機器規格による。

5.6 方形波インパルスイミュニティ試験 [解説 8]

5.6.1 試験電圧の波形・印加時間ならびに極性・回数　試験電圧の波形・印加時間ならびに極性・回数は，表 13 のとおりとする。

表 13 試験電圧の波形・印加時間ならびに極性・回数

項　目	規定内容
波　形	**附属書 5 による**
印加時間	2 秒間
極性・回数	正および負を各 1 回

5.6.2 印加方法　試験電圧の印加箇所および印加方法は，表 14 のとおりとする。

表 14 試験電圧の印加箇所および印加方法

印加方法区分	回路種別	印加箇所	印加方法
1	入出力信号回路	計器用変成器回路一括対地	**附属書 5 による**
2		制御入出力回路一括対地	
3	電源回路	制御電源回路一括対地	
4		制御電源回路端子間	

備考 1. 試験は，試験電圧を，装置・器具などの外部引出し端子から印加して行う。
　　 2. サージ吸収器を有する装置に対しては，サージ吸収器を外さないで規定の試験を実施する。
　　 3. 試験設備の制約などにより**附属書 5** の印加方法が適用出来ない場合には，印加方法は当事者間の協議による。
　　 4. 試験は，電源回路などに接続した正常な運転状態にて実施する。

5.6.3 試験条件　試験条件は，附属書 5 および個々の機器規格による。

附　属　書

附属書1．商用周波耐電圧試験および雷インパルス耐電圧試験

1.1　試験電圧の印加方法

附図 **1-1** に商用周波耐電圧の印加方法の例を，附図 **1-2** に雷インパルス耐電圧の印加方法の例を示す。

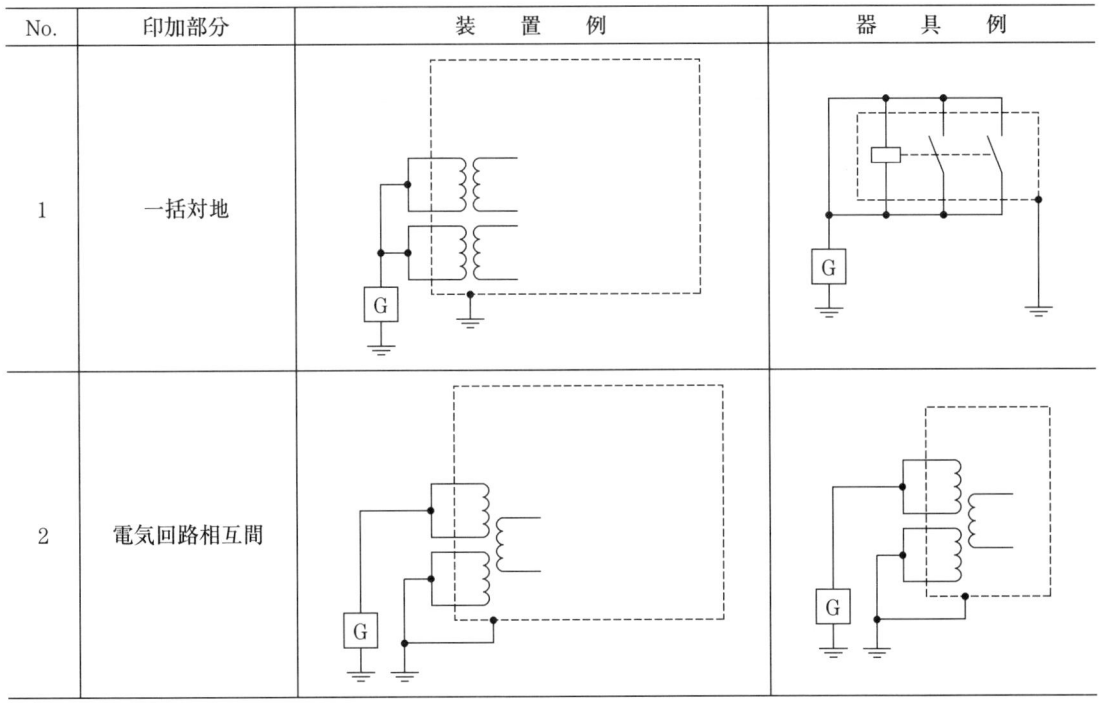

No.	印加部分	装　置　例	器　具　例
1	一括対地		
2	電気回路相互間		

G：試験電圧発生装置

附図 **1-1**　商用周波耐電圧試験における試験電圧の印加方法

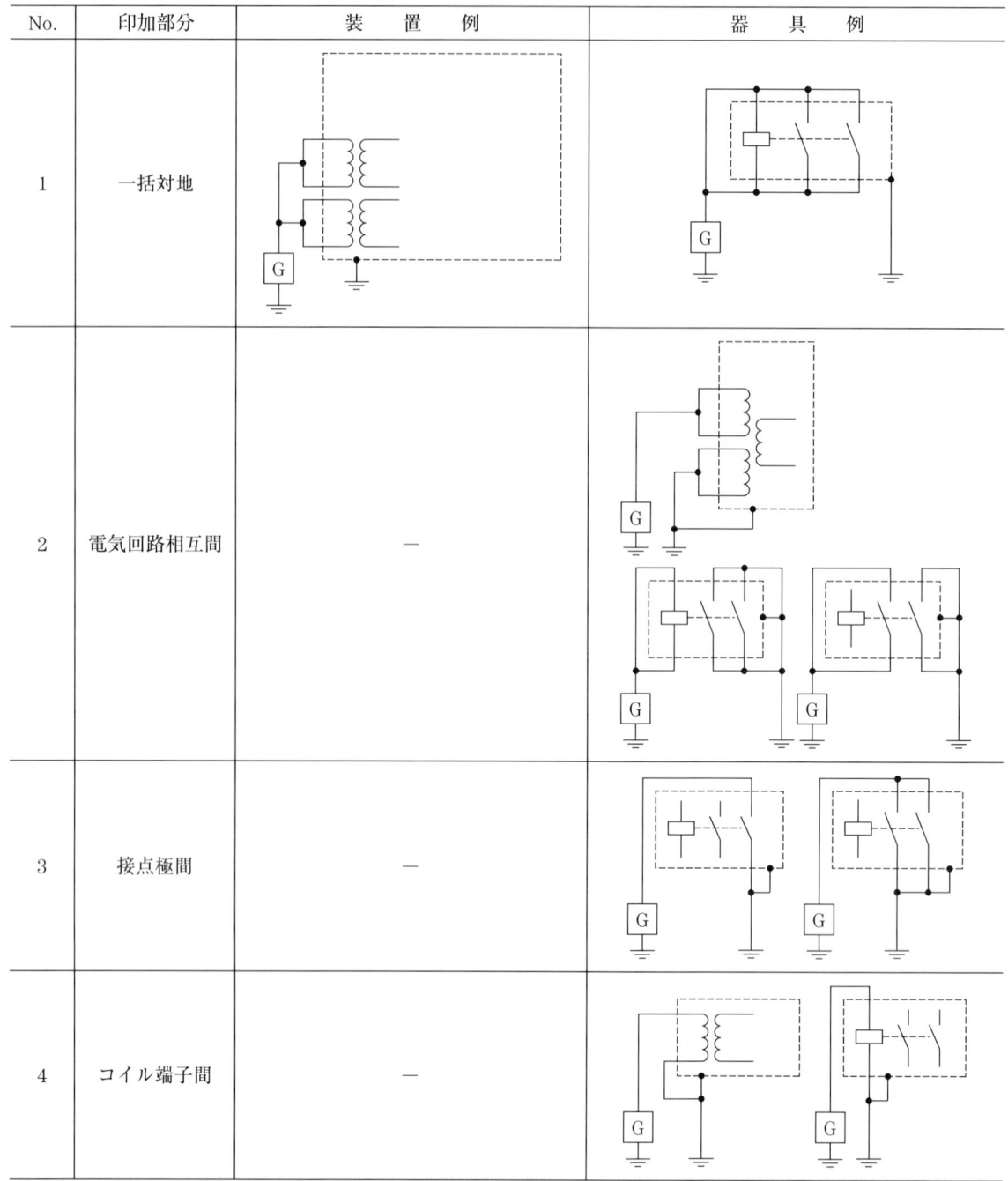

No.	印加部分	装 置 例	器 具 例
1	一括対地		
2	電気回路相互間	—	
3	接点極間	—	
4	コイル端子間	—	

G：試験電圧発生装置

附図 1-2　雷インパルス耐電圧試験における試験電圧の印加方法

1.2 雷インパルス耐電圧試験の試験回路

雷インパルス耐電圧試験の試験回路は，附図2またはそれに準じた試験回路によるものとし，下記試験条件を満たすものとする。

(1) 試験電圧波形は，供試装置を接続しない状態で，O_1点またはO_2点において規定の電圧波形であること。

(2) 試験電圧値は，供試装置を接続した状態で，O_2点において規定の電圧値であること。

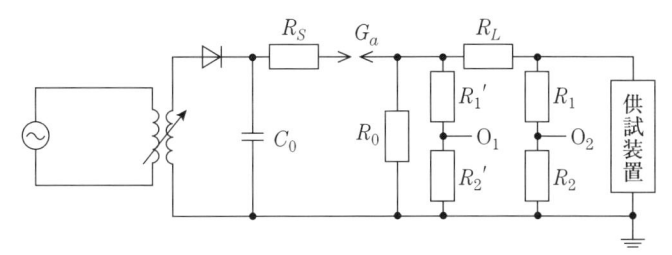

C_0：インパルス発生器電源コンデンサ（0.1μF以上）
G_a：放電ギャップ　　　　　　R_S：制動抵抗
R_L：限流抵抗（100～120Ω）　R_0：放電抵抗
R_1, R_2：抵抗分圧器　　　　R_1', R_2'：抵抗分圧器
O_1, O_2：モニター信号

附図2　雷インパルス耐電圧試験回路（その1）

(3) 供試装置のサージインピーダンスが著しく低い場合（変流器二次回路・三次回路（負担側）・サージ吸収器を有する器具など）は，附図3または，それに準じた試験回路で行う。

試験時は，供試装置を接続しない状態で，Q点の電圧を7kVに，P点の電圧を標準雷インパルス波形で規定の試験電圧値に調整する。次に供試装置を接続し電圧を印加して供試装置に異常のないことを確認する。

なお，供試装置を接続した状態の電圧値は規定しないが，測定は行う。

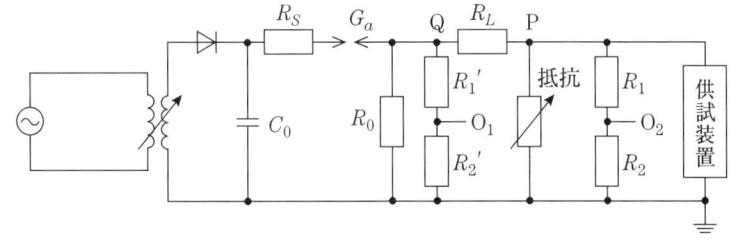

C_0：インパルス発生器電源コンデンサ（0.1μF以上）
G_a：放電ギャップ　　　　　　R_S：制動抵抗
R_L：限流抵抗（100～120Ω）　R_0：放電抵抗
R_1, R_2：抵抗分圧器　　　　R_1', R_2'：抵抗分圧器
O_1, O_2：モニター信号

附図3　雷インパルス耐電圧試験回路（その2）

備考　試験回路に示すC_0は，低圧制御用ケーブルの対地静電容量に相当するものと考え0.1μF以上とした。限流抵抗R_Lは，遮へい層のない制御ケーブルのサージインピーダンスに相当するものと考え100～120Ωとした。

附属書2.　減衰振動波イミュニティ試験 (解説8)・(解説9)

2.1　試験電圧波形

試験電圧波形は，附表1および附図4のとおりとする。また，試験電圧発生器の回路例を附図5に示す。

備考　減衰振動波イミュニティ試験の試験電圧波形はIEC 61000-4-12-2001 (Oscillatory waves immunity test)による。

― 19 ―

附表1 試験電圧波形

項　　目	規定内容
開回路出力電圧 （出力端開放時の電圧）	規定の試験電圧値とする。（許容誤差：±10%） （附図4における100%の点）
電圧立上り時間	75 ns ± 20%
発振周波数	1 MHz ± 10%
減　衰　率	第3から第6周期の間でピーク値の50%
繰返し頻度	6〜10回／商用周波の1周期（非同期）
出力インピーダンス	200 Ω ± 20%

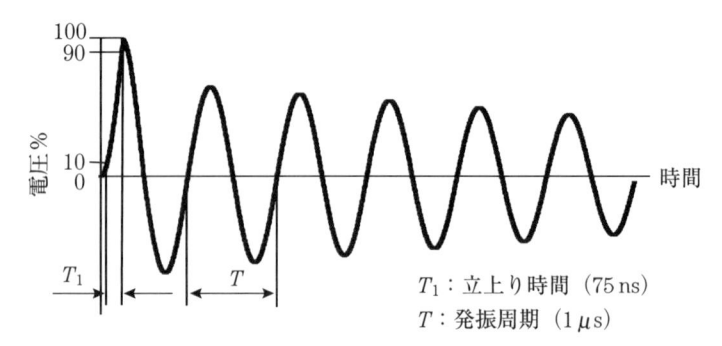

附図4 試験電圧波形

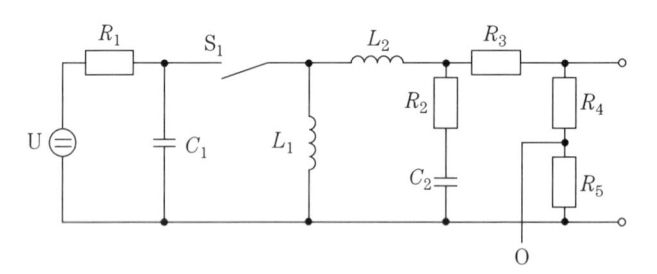

T_1：立上り時間（75 ns）
T：発振周期（1 μs）

附図5 減衰振動波発生器の簡略回路図の例

U：高圧電源　　　　　　L_2：フィルタコイル
R_1：充電抵抗　　　　　R_2：フィルタ抵抗
C_1：充電用コンデンサ　C_2：フィルタコンデンサ
S_1：高圧開閉器　　　　R_3：信号源抵抗
L_1：発振回路コイル　　R_4, R_5：分圧抵抗
O：モニター信号

2.2 試験回路

試験回路および試験電圧の印加方法を附図6に示す。

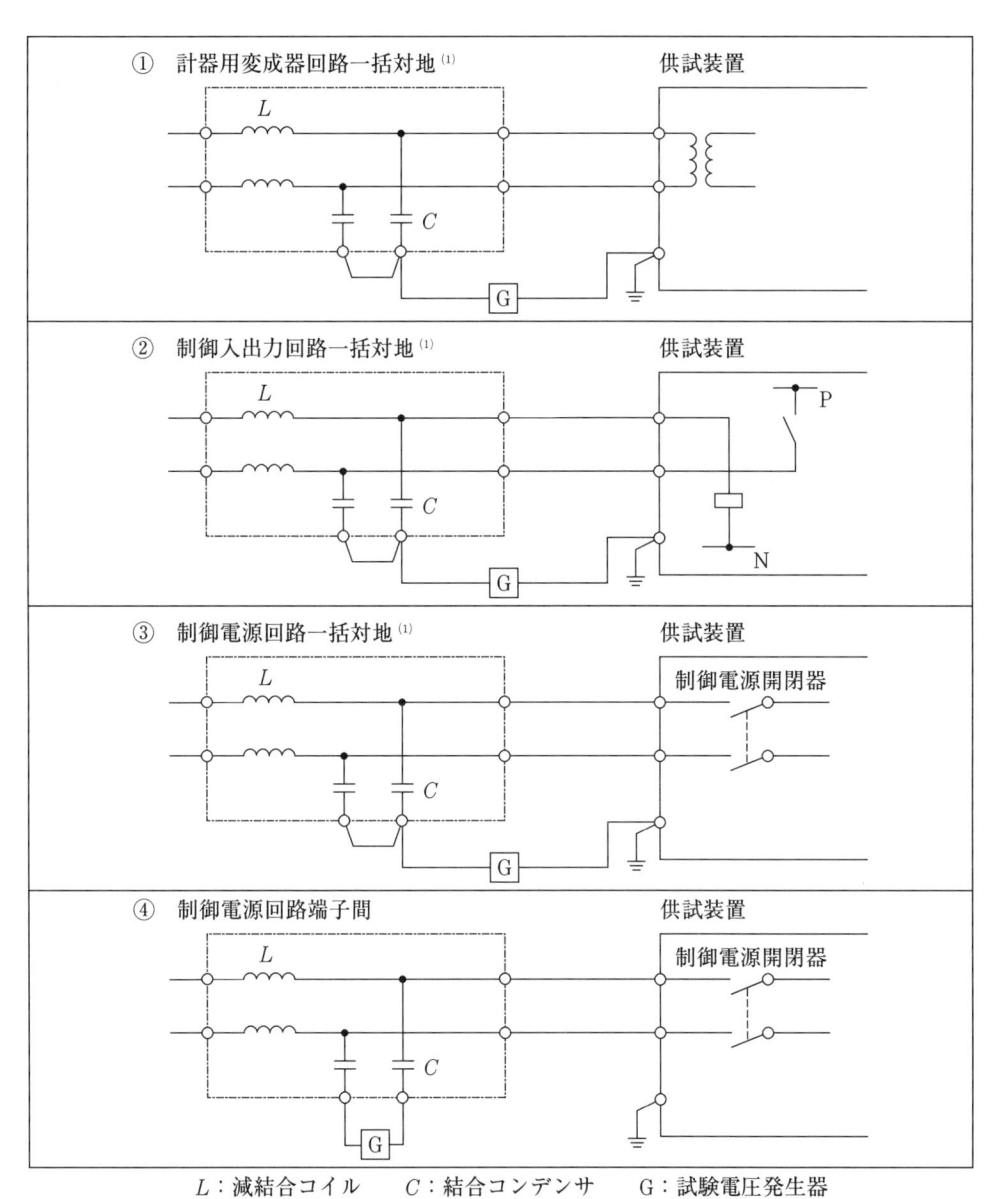

① 計器用変成器回路一括対地 (1)

② 制御入出力回路一括対地 (1)

③ 制御電源回路一括対地 (1)

④ 制御電源回路端子間

L：減結合コイル　C：結合コンデンサ　G：試験電圧発生器

注(1) 試験電圧発生器に結合回路が内蔵され，一括印加できない場合は，個別印加とする。

附図 6　試験回路および試験電圧の印加方法

2.3　機器配置例

試験実施時の機器配置例を附図 7 および附図 8 に示す。

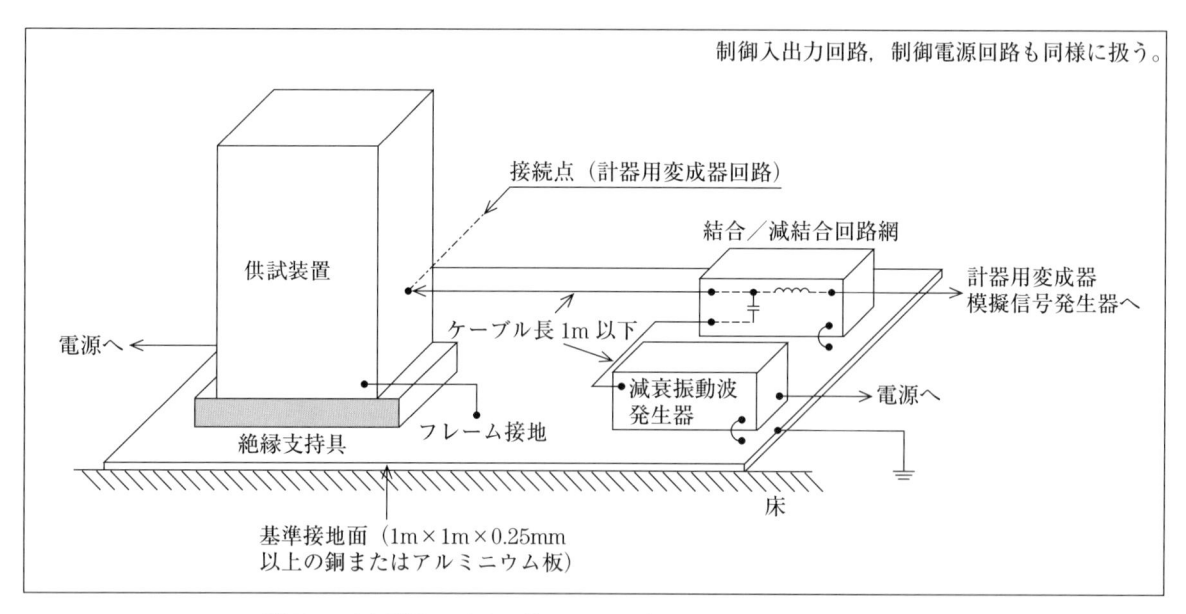

附図7 床置機器用試験の機器配置例（計器用変成器回路一括対地）

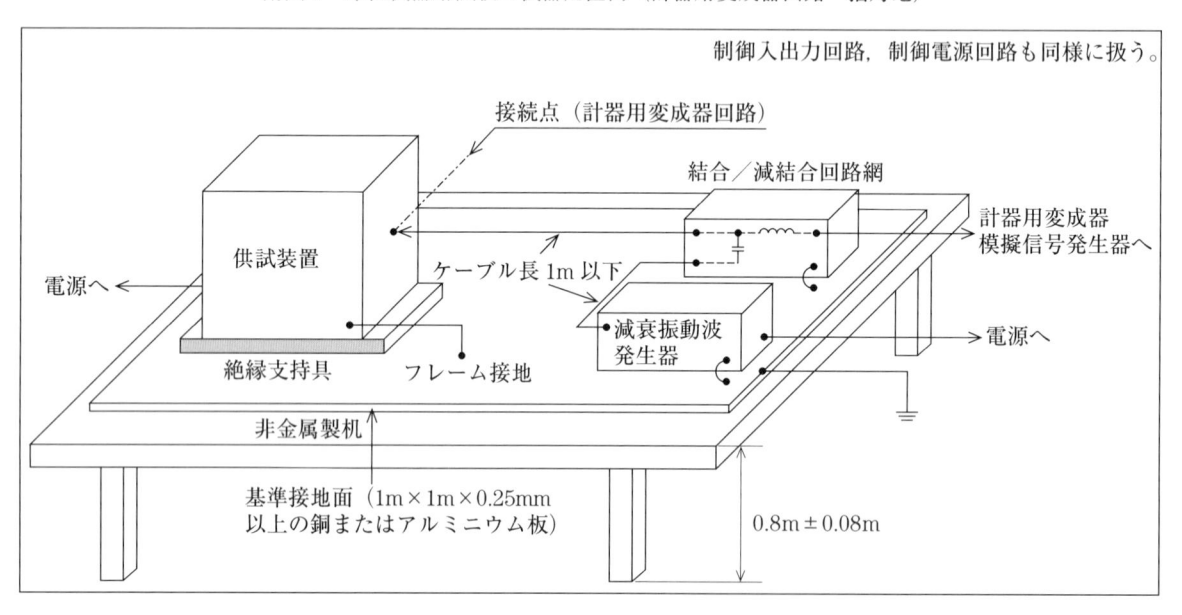

附図8 卓上機器用試験の機器配置例（計器用変成器回路一括対地）

附属書3. 電気的ファストトランジェント/バーストイミュニティ試験(解説8)・(解説9)

3.1 試験電圧波形

試験電圧波形は，附表2および附図9のとおりとする。また，試験電圧発生器の回路例を附図10に示す。

備考　試験電圧波形は JIS C 61000-4-4-1999（電気的ファストトランジェント/バーストイミュニティ試験）による。

附表2 試験電圧波形

項　目	規定内容	
開回路出力電圧 （出力端開放時の電圧）	規定の試験電圧値とする。（許容誤差：10%） （附図9における100%の点[1]）	
極　性	正および負	50Ω負荷の状態での動作特性
出力インピーダンス	50Ω ± 20%	^
1つのインパルスの立上り時間	5 ns ± 30%	^
インパルス幅（50%値）	50 ns ± 30%	^
インパルス繰返し周期	0.2 ms	^
バースト長	15 ms ± 20%	^
バースト周期	300 ms ± 20%	^

注(1) 附図9の波形は50Ω終端時の波形であり，開回路出力電圧は，50Ω終端時の2倍の電圧になる。

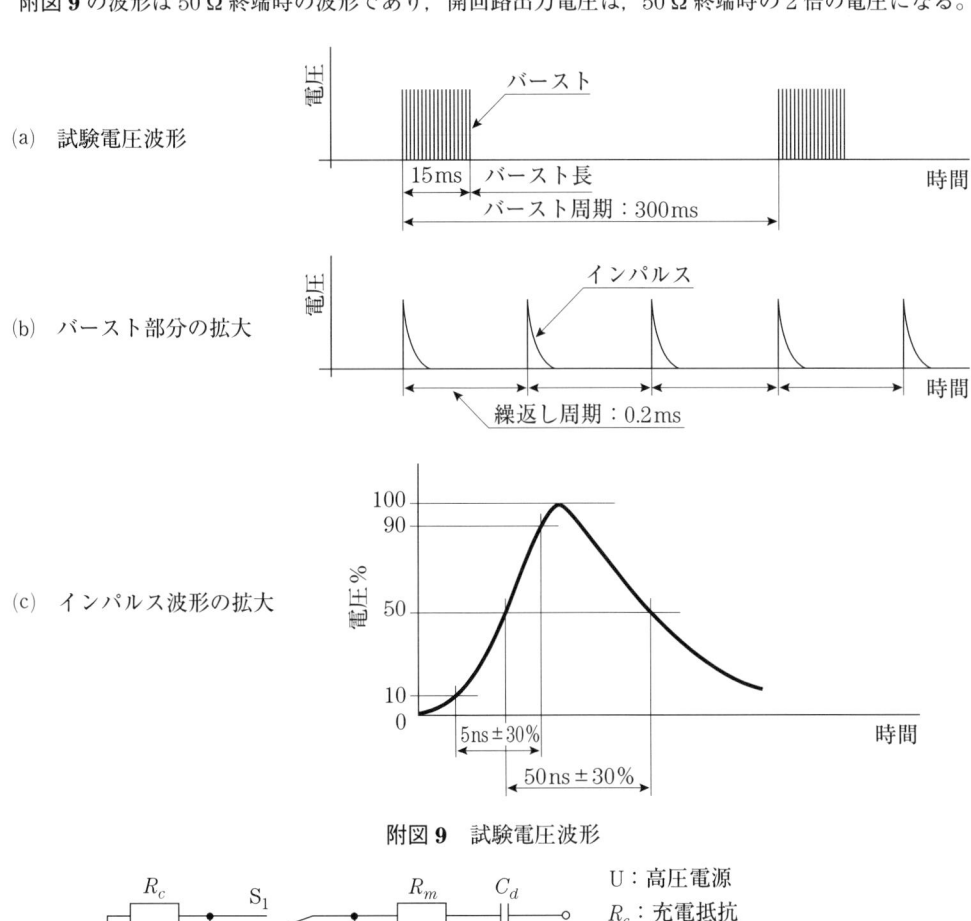

(a) 試験電圧波形

(b) バースト部分の拡大

(c) インパルス波形の拡大

附図9 試験電圧波形

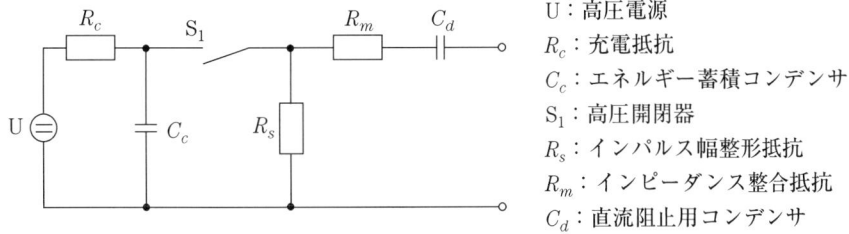

U：高圧電源
R_c：充電抵抗
C_c：エネルギー蓄積コンデンサ
S_1：高圧開閉器
R_s：インパルス幅整形抵抗
R_m：インピーダンス整合抵抗
C_d：直流阻止用コンデンサ

附図10 電気的ファストトランジェント／バースト波発生器の簡略回路図の例

3.2 試験回路

試験回路および試験電圧の印加方法を附図11に示す。

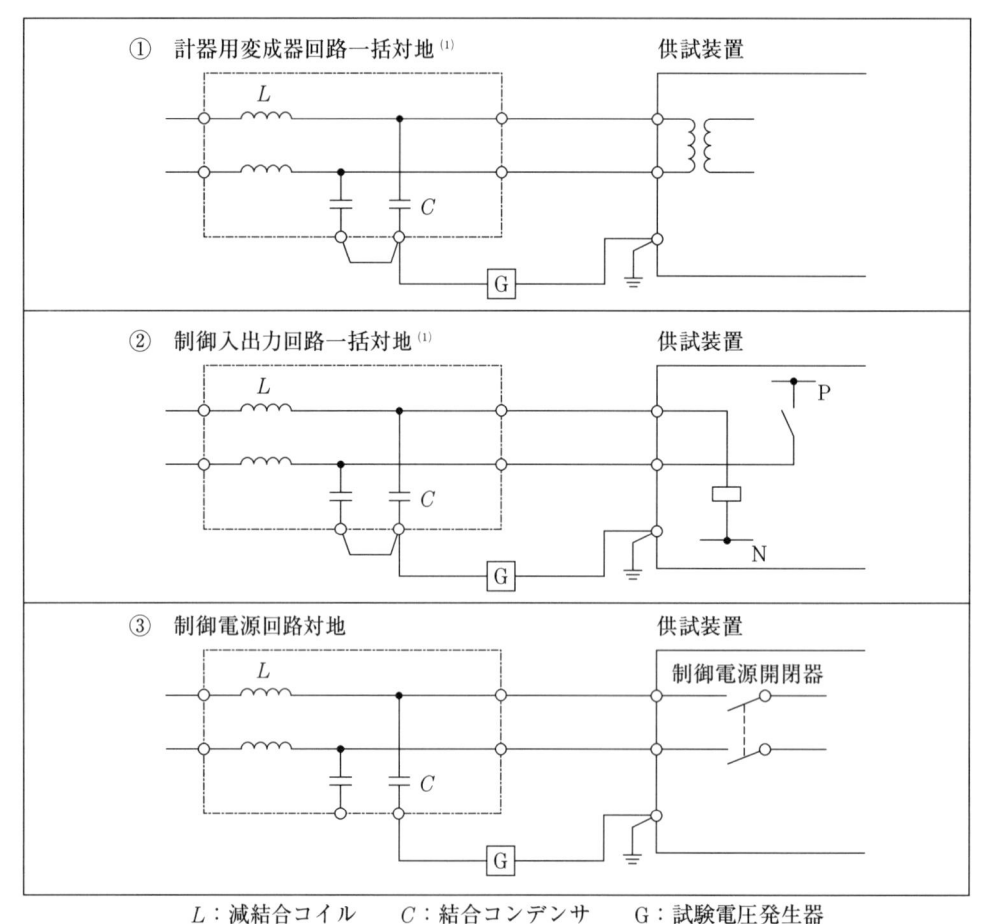

① 計器用変成器回路一括対地 [注(1)]　供試装置

② 制御入出力回路一括対地 [注(1)]　供試装置

③ 制御電源回路対地　供試装置　制御電源開閉器

L：減結合コイル　　C：結合コンデンサ　　G：試験電圧発生器

注(1) 試験電圧発生器に結合回路が内蔵され，一括印加できない場合は，個別印加とする。

附図11　試験回路および試験電圧の印加方法

3.3　機器配置例

試験実施時の機器配置例を附図12および附図13に示す。

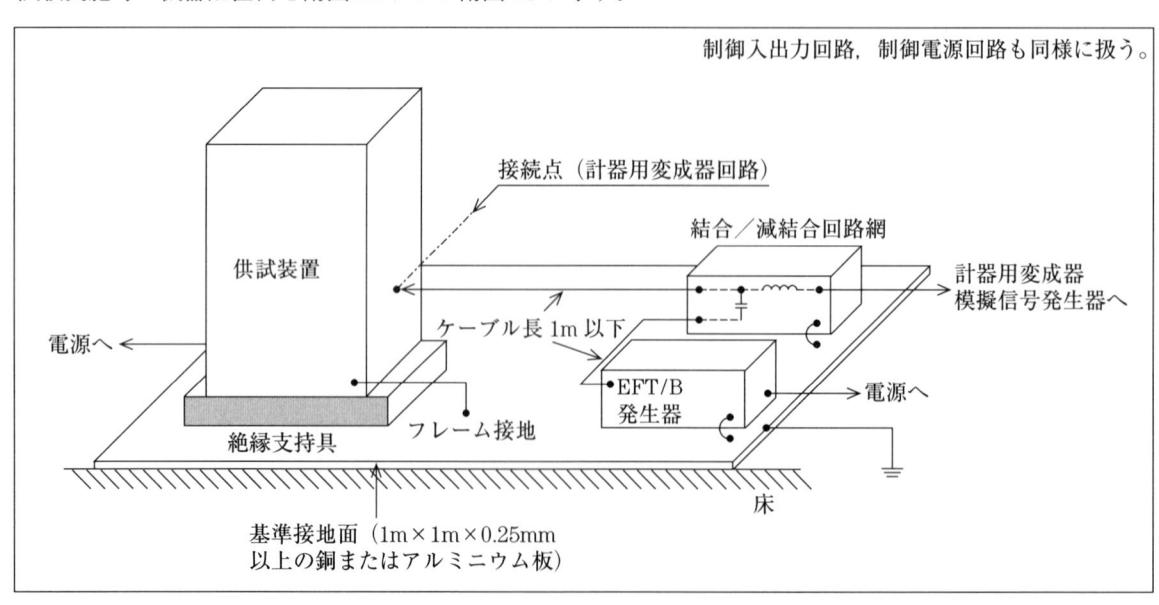

附図12　床置機器用試験の機器配置例（計器用変成器回路一括対地）

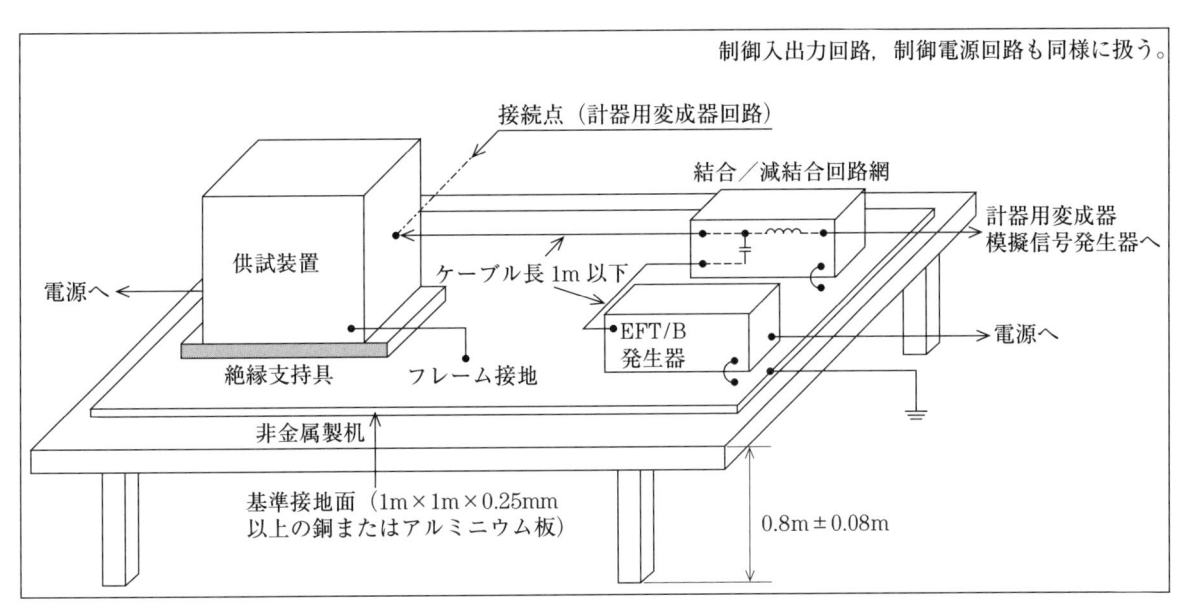

附図13 卓上機器用試験の機器配置例（計器用変成器回路一括対地）

附属書4. サージイミュニティ試験^{(解説8)・(解説9)}

4.1 試験電圧・試験電流の波形

試験電圧・試験電流の波形は，附表3および附図14のとおりとする。

試験波形発生器は，原則としてコンビネーション波（ハイブリッド）発生器を使用するものとする。回路例を附図15に示す。

備考　試験電圧・試験電流の波形は **JIS C 61000-4-5**-1999（サージイミュニティ試験）による。

附表3　試験電圧・試験電流の波形

項　目	規定内容
開回路出力電圧 （出力端開放時の電圧）	規定の試験電圧値とする。（許容誤差：±10%） （附図14における100%の点）
開回路電圧波形	波頭長：1.2 μs ± 30%，波尾長：50 μs ± 20%
短絡回路電流波形	波頭長：8 μs ± 20%，波尾長：20 μs ± 20%
発生器の実効出力インピーダンス	2 Ω
極　性	正および負
印加間隔	1分以上
電源周波数との位相関係[1]	サージは，交流電圧波形のゼロクロス点およびピーク値（正および負）となる点に同期して印加

注(1)　交流電源回路ではこれを考慮する。

波頭長：$T_1 = 1.67 \times T = 1.2 \,\mu\text{s} \pm 30\%$
波尾長：$T_2 = 50 \,\mu\text{s} \pm 20\%$

開回路電圧の波形（1.2 / 50 μs）

波頭長：$T_1 = 1.25 \times T = 8 \,\mu\text{s} \pm 20\%$
波尾長：$T_2 = 20 \,\mu\text{s} \pm 20\%$

短絡回路電流の波形（8 / 20 μs）

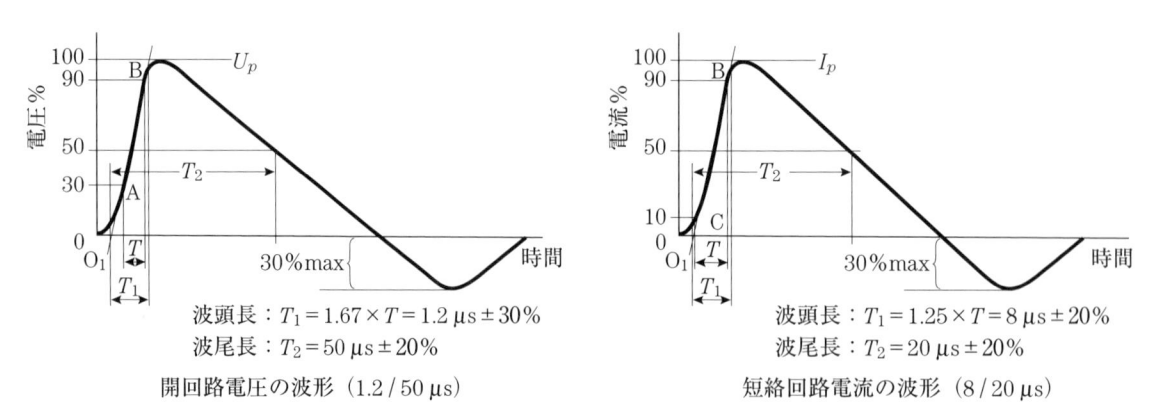

附図 14　試験電圧・試験電流の波形

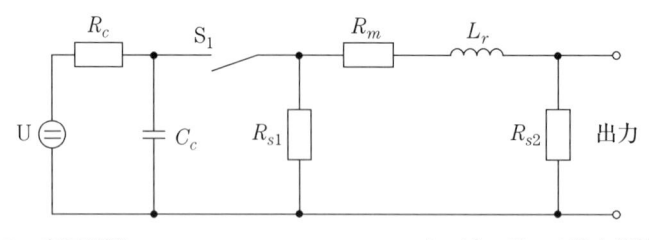

U：高圧電源
R_c：充電抵抗
C_c：エネルギー蓄積コンデンサ
S_1：高圧開閉器
R_m：インピーダンス整合抵抗
L_r：立上り時間整形コイル
R_{s1}, R_{s2}：パルス幅整形抵抗

附図 15　コンビネーション波発生器の簡略回路図の例

4.2　試験回路

試験回路および試験電圧・試験電流の印加方法を附図 16 に示す。

なお，試験波形発生器の実効電源インピーダンスを増加させるための追加抵抗 R は，**JIS C 61000-4-5** による。

① 計器用変成器回路対地

② 計器用変成器回路端子間

③ 制御入出力回路対地

④ 制御入出力回路端子間
　a. 制御入力回路端子間
　b. 制御出力回路端子間

⑤ 制御電源回路対地

⑥ 制御電源回路端子間

L：減結合コイル　　C：結合コンデンサ　　G：試験電圧・電流発生器　　R：追加抵抗

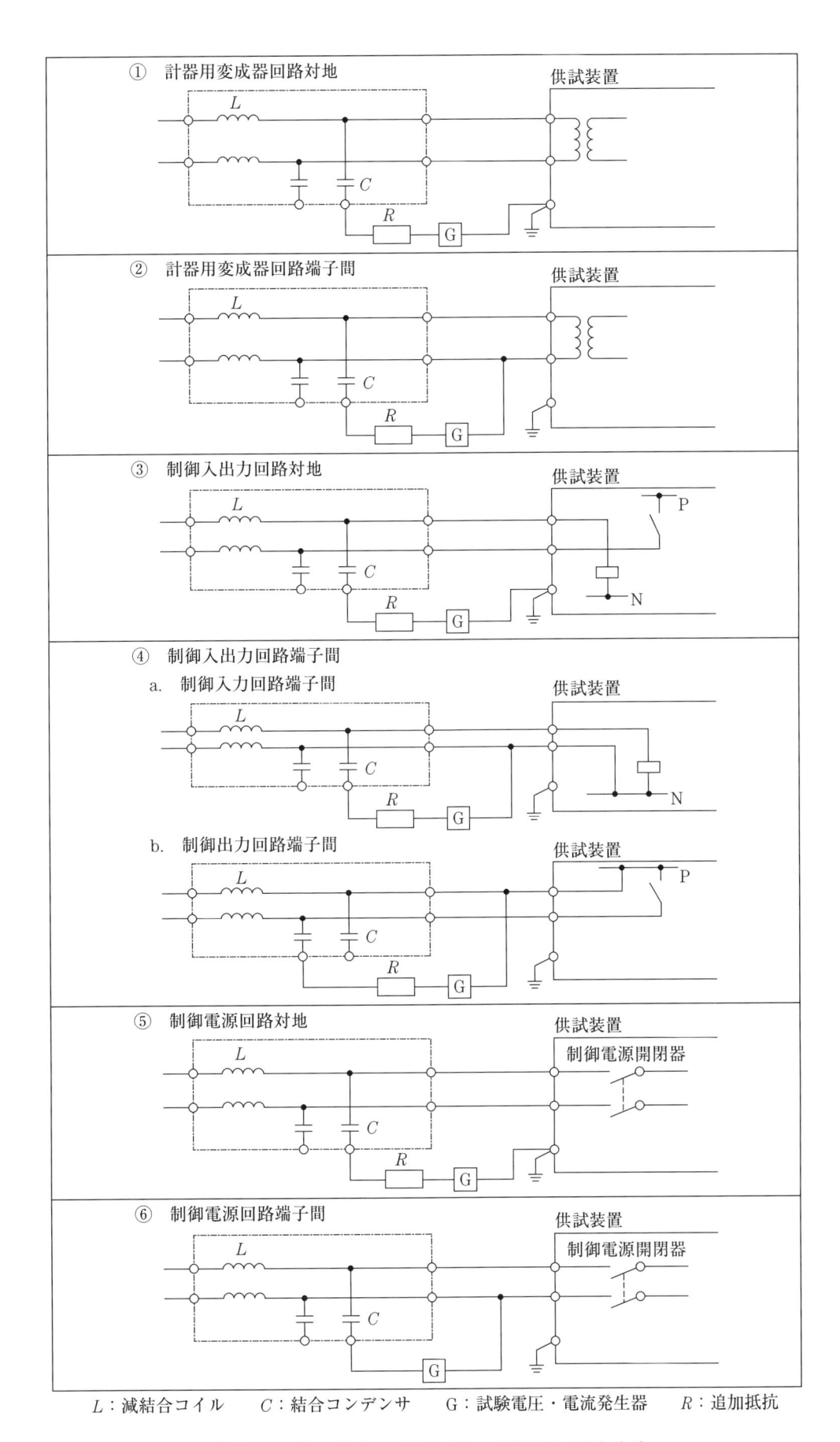

附図 16　試験回路および試験電圧・試験電流の印加方法

4.3 機器配置例

試験実施時の機器配置例を附図 17 および附図 18 に示す。

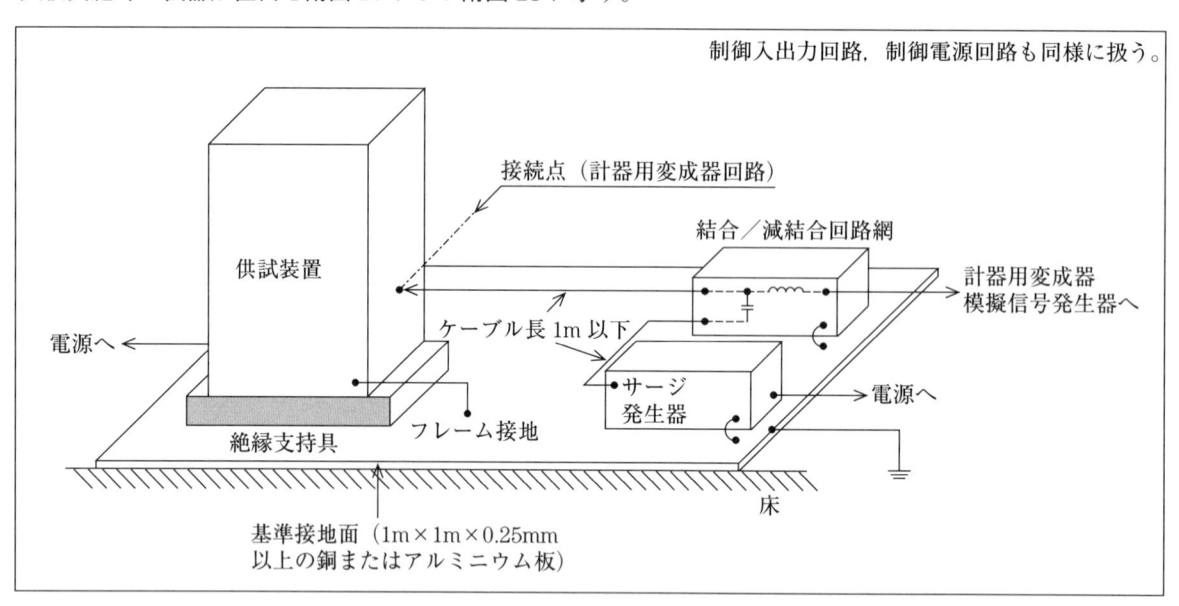

附図 17　床置機器用試験の機器配置例（計器用変成器回路一括対地）

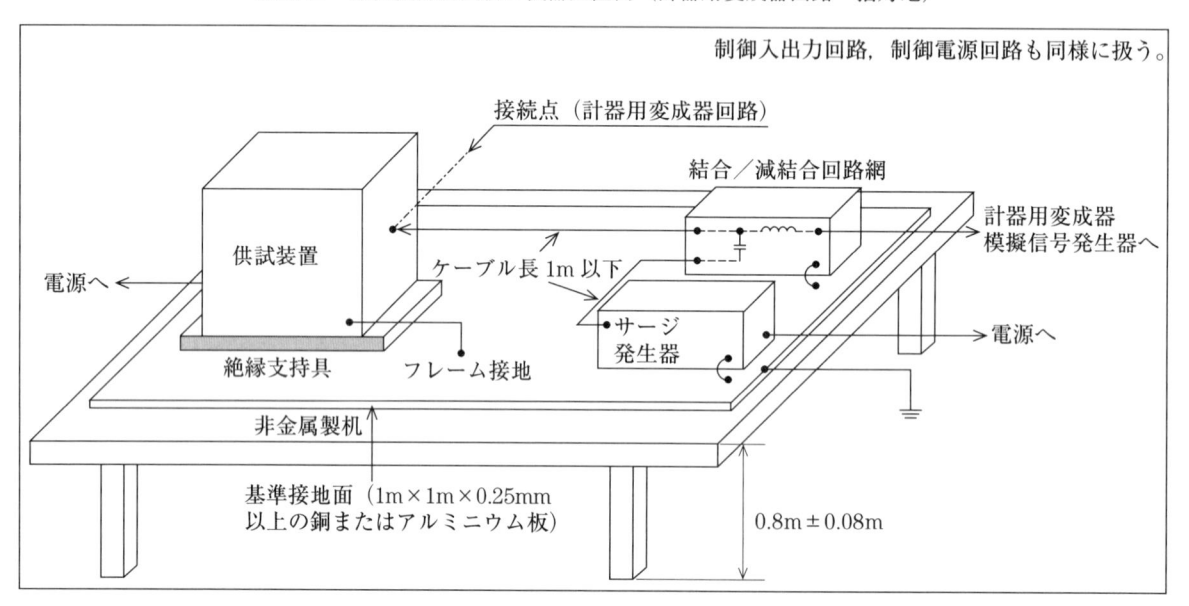

附図 18　卓上機器用試験の機器配置例（計器用変成器回路一括対地）

附属書 5．方形波インパルスイミュニティ試験[解説 8]・[解説 9]

5.1　試験電圧波形

試験電圧波形は，附表 4 および附図 19 のとおりとする。また，試験電圧発生器の回路例を附図 20 に示す。

附表 4 試験電圧波形

項　目	規定内容
出力電圧 （50 Ω で終端時の電圧）	規定の試験電圧値とする。（許容誤差：± 10%） （附図 19 における 100%の点）
極　性	正および負
出力インピーダンス	50 Ω
1 つのパルスの立上り時間	1 ns ± 30% [1]
インパルス幅	100 ns ± 30%
インパルス繰返し周波数	50 Hz または 60 Hz

注(1)　試験電圧発生器出力を供試装置に接続した場合には，回路の時定数により，パルスの立上り時間が鈍ることがある。

(2)　附図 19 の波形は 50 Ω で終端時の波形を示す。

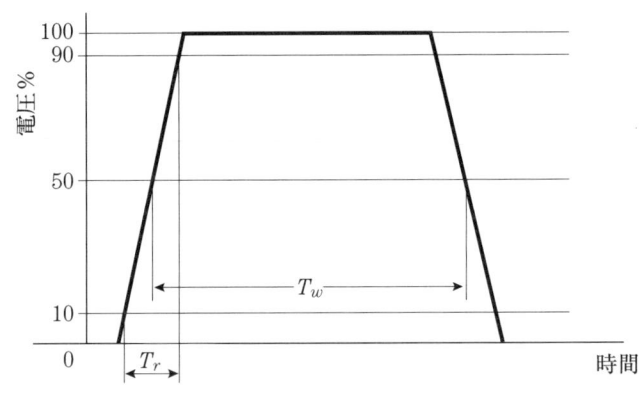

T_r：パルスの立上り時間（1 ns ± 30%）

T_w：インパルス幅（100 ns ± 30%）

附図 19　試験電圧波形

備考　波形については，実際には立上りがオーバーシュート，また立下りがアンダーシュートした波形となることがあるが，ここでは理想波形で表現することとした。

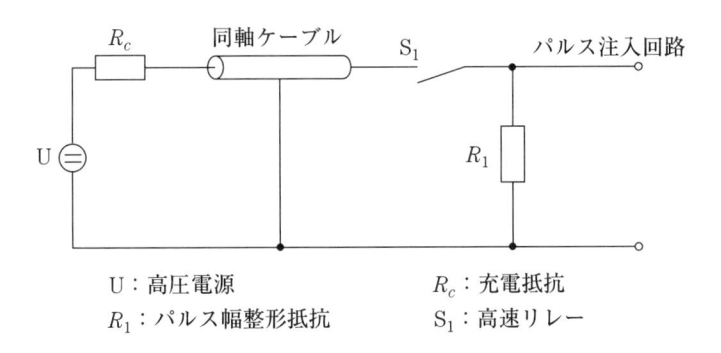

U：高圧電源　　　　　　　R_c：充電抵抗
R_1：パルス幅整形抵抗　　S_1：高速リレー

附図 20　方形波インパルス波発生器の簡略回路図の例

5.2　試験回路

試験回路および試験電圧の印加方法を附図 21 に示す。

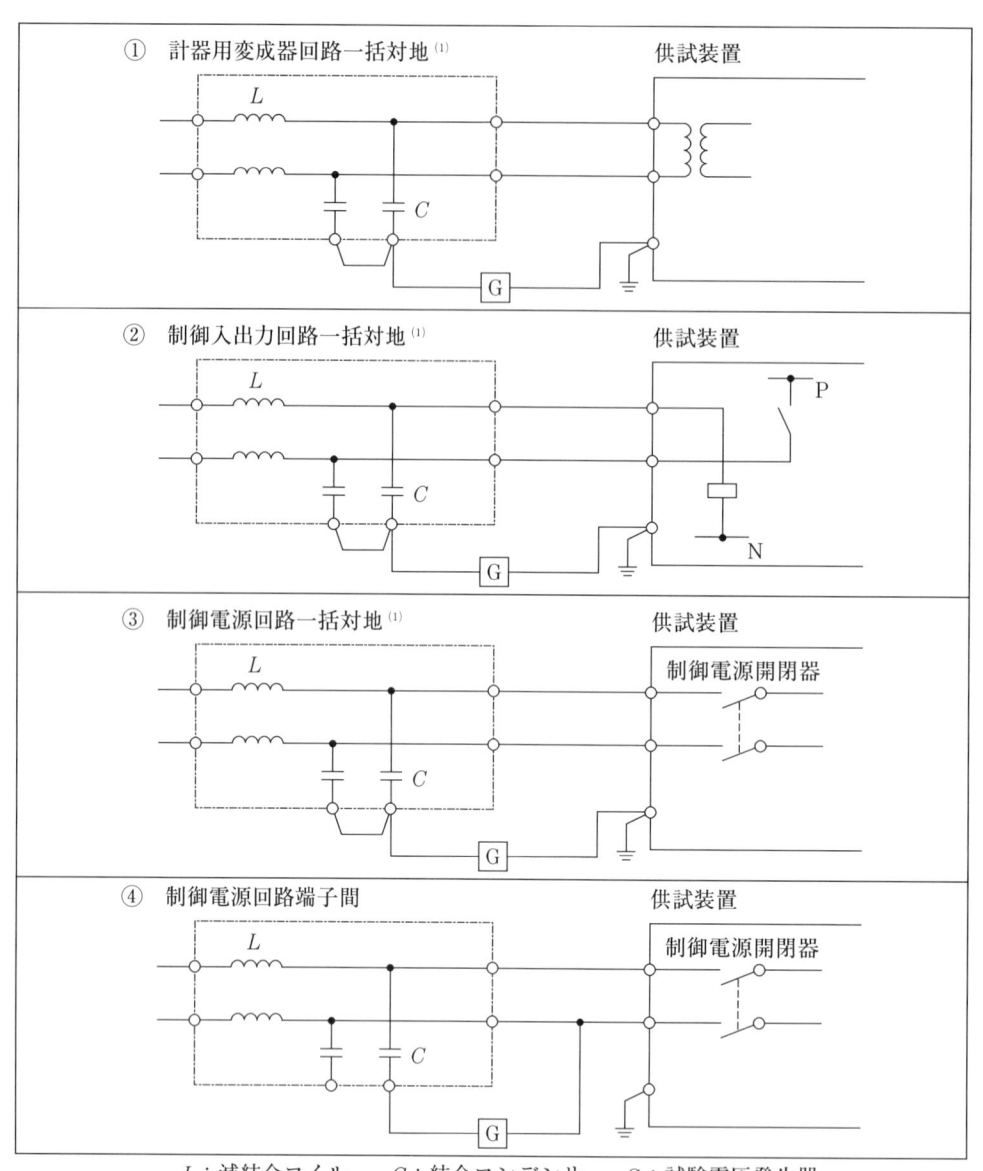

① 計器用変成器回路一括対地 [1]　　供試装置

② 制御入出力回路一括対地 [1]　　供試装置

③ 制御電源回路一括対地 [1]　　供試装置（制御電源開閉器）

④ 制御電源回路端子間　　供試装置（制御電源開閉器）

L：減結合コイル　　C：結合コンデンサ　　G：試験電圧発生器

注(1) 試験電圧発生器に結合回路が内蔵され，一括印加できない場合は，個別印加とする。

附図 21　試験回路および試験電圧の印加方法

5.3　機器配置例

試験実施時の機器配置例を附図 22 および附図 23 に示す。

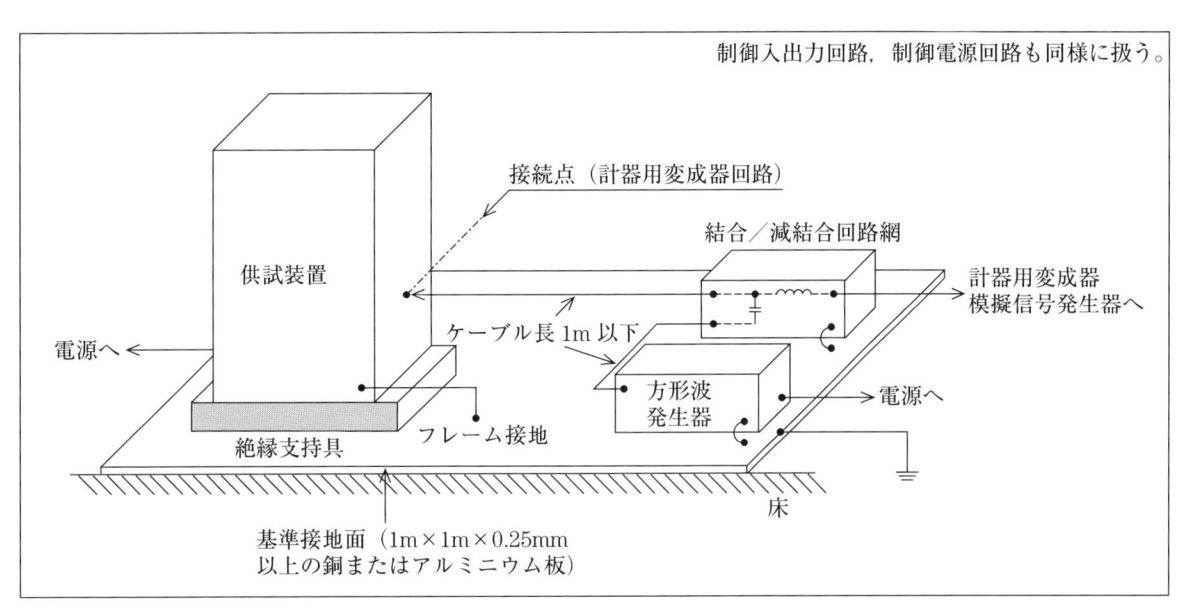

附図 22　床置機器用試験の機器配置例（計器用変成器回路一括対地）

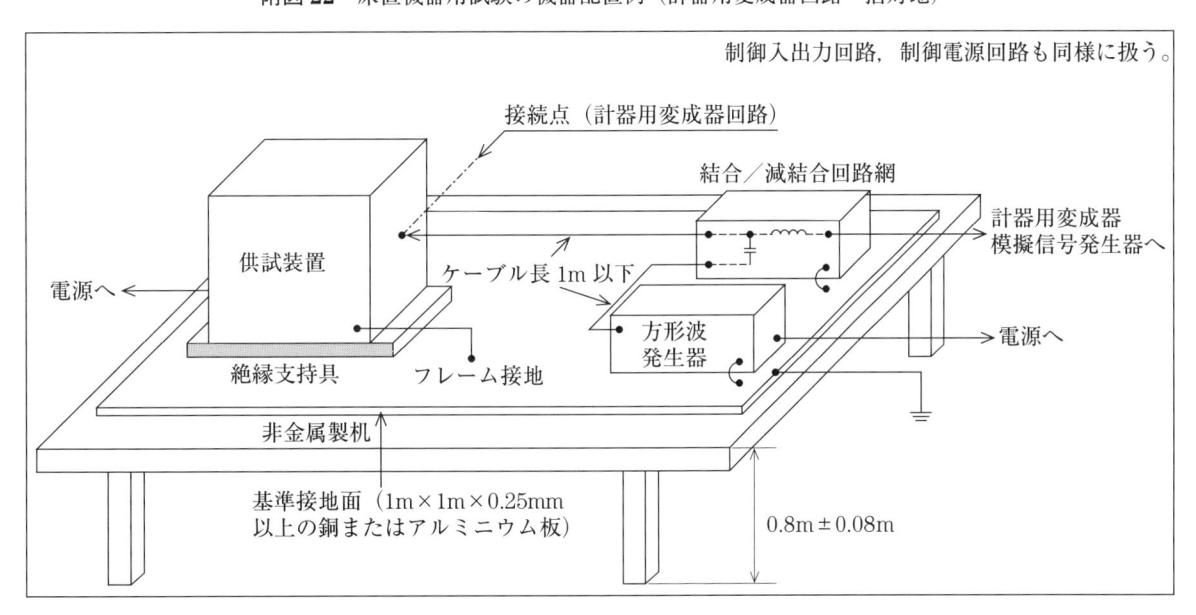

附図 23　卓上機器用試験の機器配置例（計器用変成器回路一括対地）

参　　　考

参考1．この規格の位置づけ

　本規格は，電力機器・設備の低圧制御回路に関して，絶縁強度とイミュニティを確認するために必要な試験電圧を規定するもので，基本規格の役割を果たす。
　現在，絶縁試験法関係については，この規格のほかに **JEC-0201**（交流電圧絶縁試験）などの機器・設備に共通な一般規格と個々の機器規格の中で規定されている。また，イミュニティ試験法関係についても，この規格のほかに **JIS C 61000-4-4**（電気的ファストトランジェント／バーストイミュニティ試験）などの機器・設備に共通な一般規格と個々の機器規格の中で規定されている。
　これらの各規格は，絶縁強度およびイミュニティに関して，**参考表1**のように体系づけられる。
　すなわち，まず，電力機器・設備の低圧制御回路の特性から要求される絶縁の強さ，および，イミュニティレベルと，これを確認するために必要な試験の種類，試験電圧，試験条件などを定めた基本規格，次に，これらを試験する場合の試験法・測定法規格と，供試装置が適用されている低圧制御回路の種類に応じた回路別規定があり，それを受けた形で個々の機器規格の絶縁試験条項とイミュニティ試験条項が規定される。
　参考表1は JEC-0102（試験電圧標準）の参考表1にならったものであるが，これから分かるように，本規格は基本規格の部分に加えて，各種試験法・測定法および回路別規定についても規定した。これは，各種試験法・測定法規格と機器規格をつなぎ，低圧制御回路の試験の標準化を促すために，旧規格の体系を受け継いだものである。なお，将来的には，本規格は試験電圧を規定する基本規格の部分のみとし，各試験の試験方法，試験電圧波形などについては，個々の機器規格にて規定することが望ましい。
　このような位置づけにおいて，本規格策定時に考慮した事項を以下に示す。

(1) 絶縁性能に関する試験電圧値は，過去の障害例，測定例を評価して，従来の規定値をほとんど踏襲した。これは，低圧制御回路が極めて多様性に富んでいるうえ，避雷器の設置が前提とならないため，ある保護レベルを基準とした定量的な絶縁協調理論を展開できない事情にあること，また，シミュレーションにより，低圧制御回路に発生する電圧を予測することも現段階では困難であることによる。

(2) 商用周波耐電圧試験値については，旧規格における **2 kV** を踏襲した。しかしながら，装置に求められる信頼度によっては，試験電圧を低減（**1.5 kV**）した汎用機器の採用が可能と考えられることから，商用周波試験電圧値の歴史的変遷（**参考2**），系統地絡時に所内低圧制御回路に発生する商用周波過電圧（**参考3**），電動機の使用状況および障害発生状況（**解説7**）を示し，個々の機器規格における試験電圧値検討に資するものとした。

(3) 各回路区分相互間の商用周波耐電圧試験については，個々の機器規格において規定した実績がない。このような状況においても，交流過電圧による不具合はほとんど発生していないことから，本耐電圧試験を規定しないこととした。

(4) 計器用変成器回路（回路区分1および回路区分4）を除く，電気回路相互間の商用周波耐電圧試験については，以下の理由により本規格では規定しなかった。ただし，これは電力用保護継電器規格などの個々の機器規格での規定を妨げるものではない。
- 所内電源回路を電気所の接地網に適切に接地していれば，商用周波過電圧はほとんど発生せず，不具合実績もほとんどない。
- 電気回路相互間は雷インパルス耐電圧試験で規定している。

(5) 規定した各種試験法・測定法は，既に制定されている国内規格ならびに**IEC規格**との整合をはかった。また，試験ごとに，試験方法，試験波形，印加方法などを明示し規定事項の明確化につとめた。

(6) イミュニティ試験については，個別の規格として整理したほうが**IEC規格**体系との整合をはかることができるが，絶縁性能もイミュニティも，雷サージ・開閉サージから影響を受ける点では，類似（顕在化する事象が絶縁破壊あるいは回路の誤動作と異なる）であることより，関係するイミュニティ試験を本規格に含めることにした。この観点により，本規格にはこれらと関係のないイミュニティ試験（耐静電気放電試験，耐電磁波試験など）は含めなかった。

(7) イミュニティ試験実施時の機器配置例の図については，統一性をもたせた。このため，**IEC規格**と異なる図となるものがあるが，例えば，試験電圧発生器と供試装置との間隔を極力短くするなど，試験の本質部分への影響がないようにした。

(8) 個々の機器規格にて，本規格が引用されることを想定し，共通的に適用しえるものとなるように考慮した。ただし，やむを得ない事由によって本規格の試験法・試験条件を適用しがたい場合には，個々の機器規格にて本規格と異なる試験法・試験条件を定めてもよい。

参考表1 本規格の位置づけ

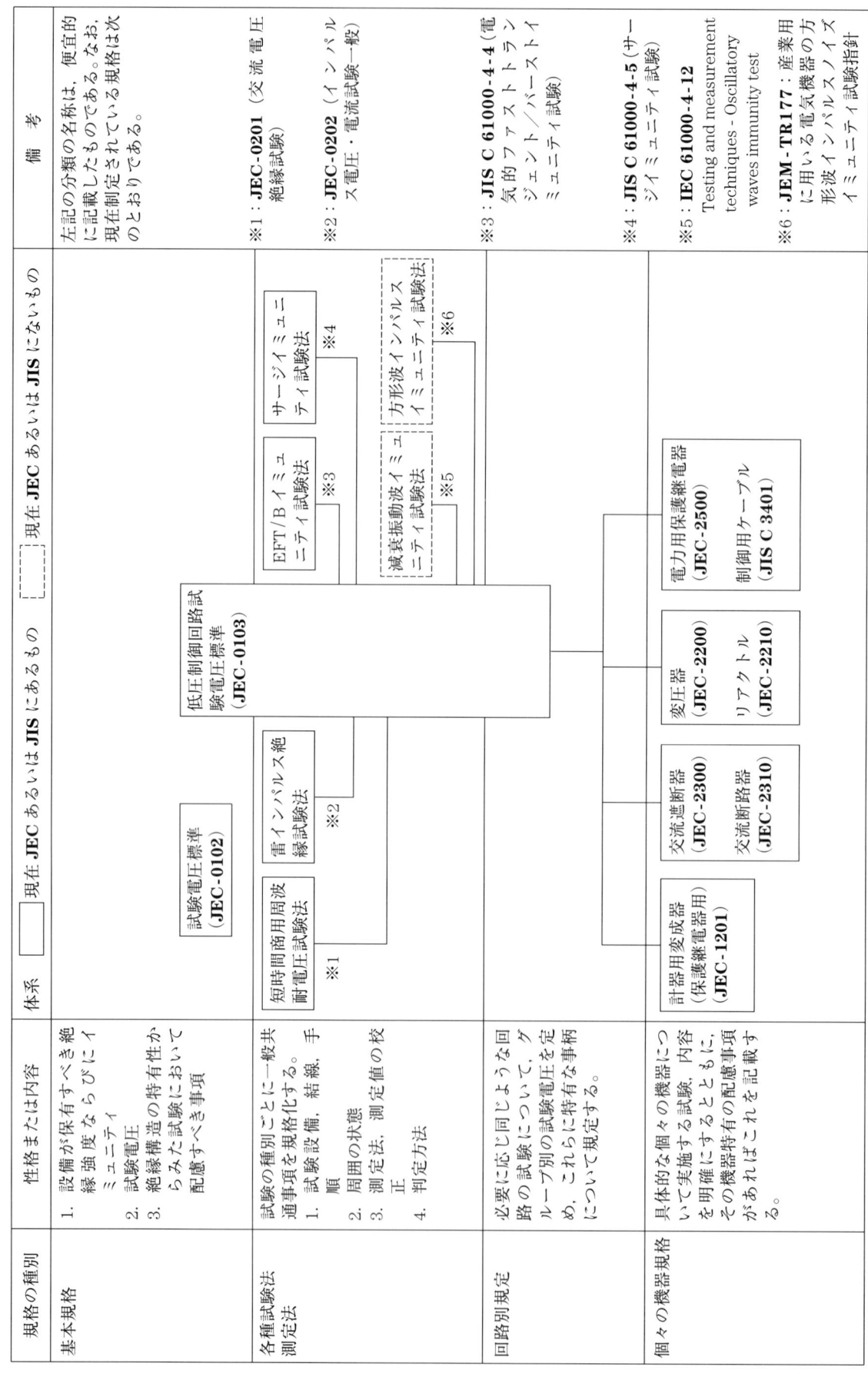

規格の種別	性格または内容	体系	備考
基本規格	1. 設備が保有すべき絶縁強度ならびにイミュニティ 2. 試験電圧 3. 絶縁構造の特有性からみた試験において配慮すべき事項	試験電圧標準 (JEC-0102) 低圧制御回路試験電圧標準 (JEC-0103)	左記の分類の名称は、便宜的に記載したものである。なお、現在制定されている規格は次のとおりである。
各種試験法・測定法	試験の種別ごとに一般共通事項を規格化する。 1. 試験設備、結線、手順 2. 周囲の状態 3. 測定法、測定値の校正 4. 判定方法	短時間商用周波耐電圧試験法 ※1 雷インパルス絶縁試験法 ※2 EFT/Bイミュニティ試験法 ※3 サージイミュニティ試験法 ※4 減衰振動波イミュニティ試験法 ※5 方形波インパルスイミュニティ試験法 ※6	※1：JEC-0201（交流電圧絶縁試験） ※2：JEC-0202（インパルス電圧・電流試験一般） ※3：JIS C 61000-4-4（電気的ファストトランジェント/バーストイミュニティ試験） ※4：JIS C 61000-4-5（サージイミュニティ試験） ※5：IEC 61000-4-12 Testing and measurement techniques - Oscillatory waves immunity test ※6：JEM-TR177：産業用に用いる電気機器の方形波インパルスイミュニティ試験指針
回路別規定	必要に応じ同じような回路の試験について、グループ別の試験電圧を定め、これらに特有な事柄について規定する。		
個々の機器規格	具体的な個々の機器について実施する試験、内容を明確にするとともに、その機器特有の配慮事項があればこれを記載する。	計器用変成器（保護継電器用）(JEC-1201) 交流遮断器 (JEC-2300) 交流断路器 (JEC-2310) 変圧器 (JEC-2200) リアクトル (JEC-2210) 電力用保護継電器 (JEC-2500) 制御用ケーブル (JIS C 3401)	

凡例：□ 現在JISあるいはJECにあるもの　　[ ] 現在JECあるいはJISにないもの

- 34 -

参考 2. 商用周波試験電圧値の歴史的変遷

JEC-210-1981（低圧制御回路試験法・試験電圧標準）では，商用周波試験電圧値として，電気事業用電力機器では 2 000 V，一般産業用電力機器では 1 500 V が規定されている。このため，2 つの商用周波試験電圧値が規定された背景について調査した。

1. 商用周波試験電圧値の歴史的変遷

(1) 商用周波耐電圧試験自体が規定された 1900 年代の初頭以降 1940 年まで，制御回路の試験電圧値は主回路との区分がなく，変圧器の規格を例にとれば，参考表 2 のように最高回路電圧 250 V の器具として扱われていた。

参考表 2　変圧器・誘導電圧調整器およびリアクトル規格における商用周波試験電圧値

器具	最高回路電圧	絶縁耐力標準試験電圧
変圧器および誘導電圧調整器	4 500 V 超過	$2E + 1 000$ V
	4 500 V 以下	10 000 V
	1 000 V 以下	4 000 V
	250 V 以下	1 500 V

注　E：回路の最高電圧（出典：**JEC-36**-1934　変圧器・誘導電圧調整器およびリアクトル）

(2) 1940 年に制定された **JEC-57**-1940（交流遮断器），**JEM-42**-1940（制御器具の絶縁耐力および絶縁抵抗）において，制御回路が主回路と切り離されて規定されたが，試験電圧値は，いずれも従来どおり 1 500 V としていた（参考表 3，4）。

参考表 3　交流遮断器規格における商用周波試験電圧値

試験する部分	定格電圧または定格対地絶縁電圧	試験電圧（実効値）
主導電部	4 500V 以下	10 000V
	4 500V 超過	$2.15E + 2 000$V
投入操作装置および引外装置	250V 以下	1 500V

注　E：定格電圧（出典：**JEC-57**-1940　交流遮断器）

参考表 4　制御器具の絶縁耐力および絶縁抵抗規格における商用周波試験電圧値

器具または装置	定格電圧または定格対地絶縁電圧	試験電圧（実効値）
一　般	定格電圧 50 V 以下	500 V
	定格電圧 600 V 以下	$2E + 1 000$ V（最低 1 500 V）
	定格電圧 600 V 超過	$2.25E + 2 000$ V

注　E：器具または装置の定格電圧（出典：**JEM-42**-1940　制御器具の絶縁耐力および絶縁抵抗）

(3) 1963 年に制定された **JEM-1168**-1963（電力用保護継電器一般編）において，電気事業用として保護継電器の責務が極めて重要であるとの観点から，高水準の耐電圧である階級 B を設け $2E + 1 000$ V（ただし，最低 2 000 V）と規定した（参考表 5）。その後，**JEC-174**-1968（電力用保護継電器）など，電気事業用に

使用するものについては，"最低2 000 V" が適用され，JEM-1021-1966（制御器具の絶縁耐力および絶縁抵抗：JEM-42-1940の改訂版）など電気事業用以外に使用される装置について，"最低1 500 V" が継続して適用されてきた。

参考表5 電力用保護継電器規格における商用周波試験電圧値

階　級	電気回路と外箱間および電気回路相互間	接点相互間
A	$2E + 1 000 V$ ただし最低1 500 V	1 000 V
B	$2E + 1 000 V$ ただし最低2 000 V	1 000 V

注　E：回路電圧（出典：JEM-1168-1963　電力用保護継電器一般編）

2. JEM-1168（電力用保護継電器一般編）において電気事業用の保護継電器に2 000 Vが追加された背景

　これらの調査結果から，JEM-1168-1963に商用周波耐電圧試験に2 000 Vが追加されたのは，雷インパルスに対する耐量の向上を意図したものと推定される。

　なお，JEM-1168の制定後，JEC-174-1968（電力用保護継電器）も改定された。この改定にあたっては，低圧制御回路の試験電圧値を規定するため，低圧制御回路の雷害時の障害状況調査[1]が全国規模で実施された。しかしながら，JEC-174-1968の解説において，雷インパルス試験電圧について規定することは時期尚早であるとの記述が見られる。

　また，1971年に制定されたJEM-1314-1971（電気事業用電力機器における低圧制御回路の耐電圧）の解説において，商用周波試験電圧のみで雷インパルス試験電圧を含めた検証ができるとの記述が見られる。

注(1)　三谷：「低圧制御回路の雷害事故調査報告」，電力中央研究所　電力技術研究所報告　No.66051，1966．

参考3.　系統地絡時に所内低圧制御回路に発生する商用周波過電圧

　本規格では，電動機など耐電圧値の低いことが予想される個別の器具に対する商用周波試験電圧値の扱いについて，装置の使用条件や求められる信頼度がそれぞれ異なることから，個々の機器規格に委ねることとした。ここでは，各規格において耐電圧試験電圧値を定める上で参考とすべき，系統地絡時の所内低圧制御回路の商用周波過電圧の大きさなどについて述べる。

　電気所の主回路に地絡事故が発生すると，地絡電流が流れる。地絡電流の値は，系統電圧や中性点接地方式によって異なるが，わが国の抵抗接地系統を例にとると，一般に数百A，最大でも2 kA程度である。この地絡電流と，電気所の接地抵抗から接地網の電位上昇が決まり，この値は1 000 V程度である。これは，接触電圧や歩幅電圧の抑制のために制限されるものである。一方，この電位差は，低圧制御回路の接地が接地網に接続されていなければ，電気所接地網と低圧回路との間にも発生するが，実際の交流低圧制御回路の中性点または代表相は接地網に接地され，また，直流回路についても抵抗を介して接地されている。したがって，電気所の主回路に地絡事故が発生しても，低圧制御回路と接地網との間には過電圧はほとんど発生しない。その状況を図示すると参考図1および参考図2のとおりとなる。

　よって，電気所の主回路に地絡事故が発生した場合の商用周波過電圧に対しては，一般汎用品での現状の実力

値である1 000～1 500 Vで十分と考えられる。

なお，雷サージによる過電圧値については，上記とは現象が異なるため同様には扱えない。

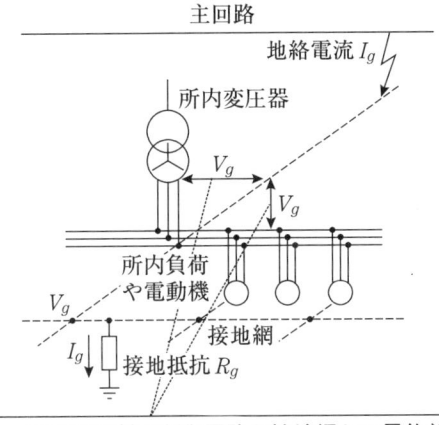

(a) 所内交流回路を接地しない場合

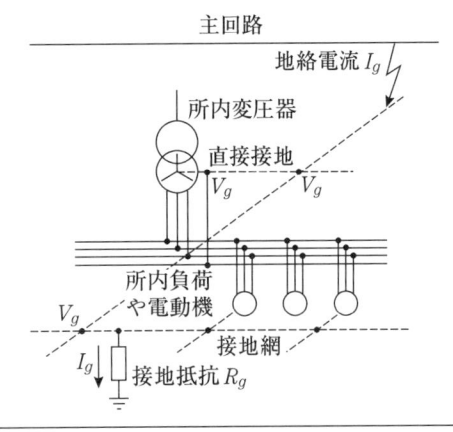

所内交流低圧制御回路と接地網との電位差

≪例1≫ 抵抗接地系統
　地絡電流 $I_g = 1\,000$ A，接地抵抗 $R_g = 1\,\Omega$ の場合
　$V_g = I_g \times R_g = 1\,000\,\text{A} \times 1\,\Omega = 1.0\,\text{kV}$

≪例2≫ 直接接地系統
　地絡電流 $I_g = 10\,000$ A，接地抵抗 $R_g = 0.1\,\Omega$ の場合
　$V_g = 10\,000\,\text{A} \times 0.1\,\Omega = 1.0\,\text{kV}$

注：直接接地系統においては，地絡電流が大きいが，接地抵抗を小さくすることにより，接地網の電位上昇を抑制している[1]。

所内回路が接地されていないと上図のような高い商用周波過電圧が所内回路にかかる。

(b) 所内交流回路を直接接地した場合

所内交流低圧制御回路と接地網との電位差

所内回路は中性点が直接接地[2]（Δ結線の場合は代表相が直接接地）されており，かつ，地絡電流の流入により接地網電位がほぼ一様に上昇することから，所内回路と接地網との間に電位差は生じない。所内負荷や電動機との間にも電位差は生じない。

注(1) 電気所構内地絡の場合，全ての電流が接地網に流入するのではなく，変圧器中性点などへ分流する分があるので，電位上昇は軽減される。

注(2) 所内変圧器には数種類の結線方式が採用されている。三相4線式，単相3線式などがある。いずれの場合も，中性点または代表相が直接接地されている。

参考図1　所内交流低圧制御回路における商用周波過電圧の考え方

所内直流低圧制御回路と接地網との電位差

≪例1≫ 抵抗接地系統

地絡電流 $I_g = 1\,000$ A，接地抵抗 $R_g = 1\,\Omega$ の場合

$V_g = I_g \times R_g = 1\,000\,\text{A} \times 1\,\Omega = 1.0\,\text{kV}$

≪例2≫ 直接接地系統

地絡電流 $I_g = 10\,000$ A，接地抵抗 $R_g = 0.1\,\Omega$ の場合

$V_g = 10\,000\,\text{A} \times 0.1\,\Omega = 1.0\,\text{kV}$

注：直接接地系統においては，地絡電流が大きいが，接地抵抗を小さくすることにより，接地網の電位上昇を抑制している[(1)]。

所内回路が接地されていないと上図のような高い商用周波過電圧が所内回路にかかる。

注(1) 電気所構内地絡の場合，全ての電流が接地網に流入するのではなく，変圧器中性点などへ分流する分があるので，電位上昇は軽減される。

(a) 所内直流回路を接地しない場合

所内直流低圧制御回路と接地網との電位差

所内直流低圧回路は抵抗接地されており，所内直流低圧回路と接地網との間には，わずかな電位差しか生じない。所内負荷や直流電動機との間にも電位差はほとんど生じない。

備考：接地網の電位上昇と直流回路に印加される電圧

蓄電池の抵抗器の合成抵抗：R_b

直流回路の対地静電容量：C_{dc}

直流回路の電位（分圧電圧）：V_{dc}

$V_{dc} = V_g \cdot |-j(1/\omega C_{dc})| / |R_b - j1/(\omega C_{dc})|$

ここで，$R_b \ll 1/(\omega C_{dc})$

ゆえに，$V_{dc} \fallingdotseq V_g$

すなわち，P側も，N側もほぼ V_g となる。

したがって，接地網電位とほぼ同じになり，P側，N側と接地網との間には電位差はほとんど生じない。また，P～N間にも過電圧は生じない。

(b) 所内直流回路を抵抗接地した場合

参考図2 所内直流低圧制御回路における商用周波過電圧の考え方

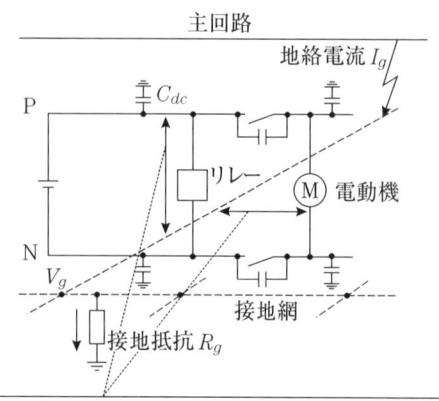

参考4. IEC規格における耐電圧試験と試験電圧値

商用周波耐電圧試験および雷インパルス耐電圧試験について，本規格における回路区分に該当するIEC規格の試験電圧値を**参考表6**に示す。

参考表6 IEC規格における耐電圧試験と試験電圧値

本規格における回路区分	関連するIEC規格	試験電圧値 商用周波耐電圧試験	試験電圧値 雷インパルス耐電圧試験
回路区分1（主回路に使用する計器用変成器の二次回路・三次回路）	IEC 60044-1 Edition 1.2-2003 : Instrument transformers - Part 1: Current transformers IEC 60044-2 Edition 1.2-2003 : Instrument transformers - Part 2 : Inductive voltage transformers	計器用変成器本体の二次巻線の試験電圧値：3 kV[1]	耐電圧試験および試験電圧値の規定なし
回路区分2（主回路に使用する遮断器，断路器などの操作回路・制御回路）	IEC 60694 Amendment 2-2001 : Common specifications for highvoltage switchgear and controlgear standards	高圧開閉装置の制御回路および補助回路における対地および電気回路相互間の試験電圧値：2 kV	高圧開閉装置の制御回路および補助回路における対地および電気回路相互間の試験電圧値：5 kV
上記以外（監視制御盤，保護制御盤などの回路）	IEC 60255-5 Edition 2.0-2000 : Electrical Relays - Part5 : Insulation coordination for measuring relays and protection equipment - Requirements and tests	定格絶縁電圧が63 Vを超え500 V以下である計測および保護制御回路の試験電圧値：2 kV	回路の定格電圧および過電圧区分ごとに定めた雷インパルス電圧値（標高2 000 m基準）を標高補正し，対地および電気回路相互間の試験電圧値としている（参考表7参照）。

注(1) IEC 60044-1では，Class PXの計器用変流器（高インピーダンス形差動継電器用）について，飽和開始電圧が2 kV以上の場合には5 kV，飽和開始電圧が2 kV未満の場合には3kVとしている。

参考表7 IEC 60255-5における雷インパルス電圧値

定格電圧（対地電圧）V	雷インパルス電圧値 kV 過電圧区分Ⅰ	過電圧区分Ⅱ	過電圧区分Ⅲ	過電圧区分Ⅳ
50	0.33（0.35）	0.5（0.55）	0.8（0.91）	1.5（1.75）
100	0.5（0.55）	0.8（0.91）	1.5（1.75）	2.5（2.95）
150	0.8（0.91）	1.5（1.75）	2.5（2.95）	4.0（4.8）
300[2]	1.5（1.75）	2.5（2.95）	4.0（4.8）	6.0（7.3）
600	2.5（2.95）	4.0（4.8）	6.0（7.3）	8.0（9.8）
1 000	4.0（4.8）	6.0（7.3）	8.0（9.8）	12.0（14.8）

注(2) 計器用変成器および電気所直流電源に直接接続される回路については300 Vを適用する。

備考1. （ ）内は標高2 000 mを基準とした定格インパルス電圧値を標高0 mに補正したインパルス試験電圧値を示す。

2. 過電圧区分Ⅰ～Ⅳは以下による。
   Ⅰ：サージ対策について特に配慮されている電気回路
   Ⅱ：大きなサージ発生の可能性が低いと考えられる回路（電源が他の回路と共用されていない回路，計器用変成器に直接接続されていない回路，出力回路の電線が短い回路など）
   Ⅲ：最も現実的なケース（電源が他の回路と共用されている回路，計器用変成器に直接接続されている回路，出力回路の電線が長い回路など）
   Ⅳ：過大なサージ発生のおそれがある回路（遮へい層のない制御ケーブルによって接続されている回路など）

参考5. イミュニティ試験の背景

1. 現行規格の成り立ちとイミュニティ試験導入の背景

国内において低圧制御回路の絶縁性能が主回路の絶縁性能と区別して規定されたのは，1940年に制定された電機製造協会規格 **JEM-42** が最初である。当時の規格では，商用周波数で発生する過電圧および雷撃などによる過電圧にともに耐えるような絶縁性能を確認する試験として，商用周波耐電圧試験が規定された。当時，商用周波数で発生する過電圧と雷撃などによる過電圧との関連について各種議論がなされたが，試験機器などの制約もあり，低圧制御回路については雷インパルス耐電圧試験の規格化はなされなかった。

その後，雷インパルス耐電圧試験に関する諸外国での規格化の進行にあわせ，1976年に電気協同研究「低圧制御回路絶縁設計」（第32巻 第2号）が取りまとめられ，この研究成果に基づいて，1981年に商用周波耐電圧試験と雷インパルス耐電圧試験とを規定した **JEC-210** が制定された。

これ以降，ディジタル形保護制御装置やガス絶縁開閉装置(GIS)が電力設備に広く適用されるようになり，ディジタル形保護制御装置のイミュニティが問題となってきた。これは，2002年にまとめられた電気協同研究「保護制御システムのサージ対策技術」（第57巻 第3号）の障害分析により明らかとなっている。また，**IEC** においてもイミュニティ試験の規格化が進んでおり，これらと整合を図っていく観点からも，**JEC-210** の改訂に併せて関連するイミュニティ試験を含めることとした。

2. 日本におけるイミュニティ試験の実績

従来，低圧制御回路を構成する機器としては，電磁接触器・電気機械形保護リレーなど，その動作エネルギーが比較的大きいものが主流であった。当時は機器の損傷そのものが機器の機能障害であったことから，商用周波耐電圧試験によって絶縁性能を確認することで機器の適合性確認が可能であった。

1960年頃になると，動作エネルギーの小さいトランジスタなどの電子部品の導入により，機器は損傷しないが不正動作する事態が散見されるようになった。こうした不正動作の原因は，気中開閉器や補助リレーなどの開閉サージと推定されたことから，電磁接触器を繰り返して開閉させる形態のサージ試験，コンデンサ電荷をギャップ放電させることによる高周波の減衰振動波を用いた振動性サージ試験が，不正動作に対する対策の検討および評価試験に用いられていた。このうち振動性サージ試験については，変電所内の低圧制御回路に発生する開閉サージの電圧および周波数に関する **ANSI/IEEE** の研究結果に基づいて **ANSI** 規格として制定された試験であり，1980年に国内電力会社の保護継電器および保護継電装置の標準を定めた電力用規格 **B-401**（アナログ形保護継電器および保護継電装置），1987年に **JEC-2500**（電力用保護継電器）に採用された。

その後，電気所に GIS が広く適用されるようになるにつれ，気中開閉器に比べて周波数が高く，波形の立上りが急しゅんな GIS の開閉サージに起因する保護制御装置の不正動作が顕在化してきたことから，1991年に方形波インパルスイミュニティ試験が電力用規格 **B-402**（ディジタル形保護継電器および保護継電装置）に採用された。

(1) **方形波インパルスイミュニティ試験**[1]　　計測器および産業用制御機器には1970年頃より IC（マイクロ

プロセッサなど）が使用されつつあり，こうした低電圧回路の採用に伴って方形波インパルスイミュニティ試験が実施されるようになった。規格として最も古いものは，電子式卓上計算機で採用された1974年制定の日本事務機械工業会規格である。また，1976年に制定された **JIS C 1003**（ディジタル電圧計試験方法，1988年廃止）において，方形波インパルスイミュニティ試験が採用されている。電力機器においては，前述のように1991年に電力用規格 **B-402**（ディジタル形保護継電器および保護継電装置）に採用され現在に至っている。

 注(1) 規格によって試験名称が異なっている場合のあることから，ここでは本規格で定めている試験名称「方形波インパルスイミュニティ試験」に統一して表現することとした。

(2) 電気的ファストトランジェント／バーストイミュニティ試験およびサージイミュニティ試験　　**IEC**規格および **JIS** 規格に採用されている電気的ファストトランジェント／バースト（EFT/B）イミュニティ試験は再発弧現象を伴う回路の開閉サージを模擬している。これまでは方形波インパルスイミュニティ試験が普及していたこともあり，EFT/Bイミュニティ試験は **JEC** 規格や電力用規格では採用されていなかった。

　なお，EFT/Bイミュニティ試験は方形波インパルスイミュニティ試験に比べて繰返し率が高い反面，波形の立上り時間が遅いという特徴があるが，機器にとっていずれの試験が過酷であるかどうかについては一概にはいえない。

　また，**IEC** 規格および **JIS** 規格に採用されているサージイミュニティ試験は標準雷インパルス試験波形によるイミュニティ試験であるが，実績が少ないこともあり，**JEC** 規格や電力用規格では採用されていない。しかし，雷サージによる機器の不正動作も散見されていることから，今後，こうした不正動作に対するイミュニティ性能を評価する試験として期待されるものと考えられる。

解　　　説

解説 1. 形式試験・受入試験における試験項目を規定しなかったことについて

　旧規格（JEC-210-1981）においては形式試験および受入試験における耐電圧試験項目を規定していたが，本規格を参照する個々の機器規格（製品の構造・性能などを規定する規格）で規定される機器のなかには，形式が異なっていても耐電圧試験，またはイミュニティ試験に対して同等の結果が予想される場合がある[1]。こうした機器については形式試験の試験項目を一律に実施する必要がないと考えられることから，形式試験・受入試験の試験項目については個々の機器規格に委ねることとした。

　商用周波耐電圧試験は形式試験・受入試験，雷インパルス耐電圧試験は形式試験として個々の機器規格においても広く採用されているのに対し，イミュニティ試験については今後，個々の機器規格の改定に併せて反映されていくものと考えられる。本規格では，イミュニティが同等である製品に対してはその代表についてのみイミュニティ試験を行うことが妥当であること，また，IECにおいてもイミュニティ試験を形式試験項目としていることから，個々の機器規格においてイミュニティ試験を形式試験項目として規定することを推奨する。JEC-210-1981，IEC 60255 シリーズにおける規定内容について解説表 1 に示す。

解説表 1　JEC，IEC における形式試験・受入試験項目

	JEC-210-1981		IEC 60255 シリーズ	
	形式試験	受入試験	type tests	routine tests
商用周波耐電圧試験	○	○	○	○
雷インパルス耐電圧試験	○		○	
イミュニティ試験	（試験項目なし）		○	

　注　ハードウェアは同一でソフトウェアが異なるディジタル形保護継電器など

解説 2. イミュニティ試験法の選定と試験電圧値について

1. イミュニティ試験の基本的考え方

　本規格の対象とする低圧制御回路では，GIS の普及に伴う数十 MHz の周波数成分を含むサージの発生，低電圧・高速動作素子を用いた電子機器の普及，保護制御装置の現場設置などにより，電磁環境も機器の電磁妨害に対する感受性も大きな変化を生じている。

　電磁障害対策は，関係する電磁妨害源となる電磁環境，電磁妨害に対する感受性のある機器・装置・システム，ならびにその間の媒体・結合経路の各部位で対策するのが一般的である。しかし，本規格が適用される低圧制御

回路における主な電磁妨害源は，雷サージや主回路開閉機器の開閉サージであり，設備計画時からの対策が重要であるが，設備を設置した後では，一般的に対策に制約がある。また，電磁障害確認後の媒体・結合経路の変更に際して接地網や制御ケーブル布設の改良などの対策も困難である。このため，機器・装置およびシステムでの対策が実際には多く行われている。

本規格では，低圧制御回路の機器・装置およびシステムを対象に，このような電磁環境下で必要とされるイミュニティ試験法と試験電圧値を定めた。

2. 本規格における試験法の選定について

本規格の対象とする低圧制御回路における電磁障害は，雷サージおよび開閉サージに起因するものが主であることから，IECおよび国内において実績のあるイミュニティ試験法の中から雷サージおよび開閉サージを想定している4種類のイミュニティ試験法を選定した。これらの試験とサージ発生様相との関連については**解説表3**を参照されたい。

(1) 本規格で選定したイミュニティ試験法および引用規格

(a) サージイミュニティ試験

- **IEC 61000-4-5 Edition 1.1**-2001　Electromagnetic compatibility (EMC) - Part 4-5：Testing and measurement techniques - Surge immunity test
- **JIS C 61000-4-5**-1999　電磁両立性－第4部：試験及び測定技術－第5節：サージイミュニティ試験

(b) 電気的ファストトランジェント/バースト（**EFT/B**）イミュニティ試験

- **IEC 61000-4-4 Edition 2.0**-2004　Electromagnetic compatibility (EMC) - Part 4-4：Testing and measurement techniques - Electrical fast transient/burst immunity test
- **JIS C 61000-4-4**-1999　電磁両立性－第4部：試験及び測定技術－第4節：電気的ファストトランジェント／バーストイミュニティ試験

(c) 減衰振動波イミュニティ試験

- **IEC 61000-4-12 Edition 1.1**-2001　Electromagnetic compatibility (EMC) - Part 4-12：Testing and measurement techniques - Oscillatory waves immunity test
- **JEC-2500**-1987　電力用保護継電器

(d) 方形波インパルスイミュニティ試験

- **電力用規格 B-402**　ディジタル形保護継電器および保護継電装置

(2) 選定理由

(a) 国際的技術動向　**IEC TS 61000-6-5 Edition 1.0**-2001（Electromagnetic compatibility (EMC) - Part 6-5：Generic standards - Immunity for power station and substation environments）は，電気事業用機器および関連する遠隔通信システムのイミュニティ要求を定めた技術仕様書である。サージイミュニティ試験，EFT/Bイミュニティ試験および減衰振動波イミュニティ試験の3種類の試験法はこの技術仕様書にも記載された雷サージおよび開閉サージに関係する試験法である。

(b) 国内試験実態との整合　我が国では，低圧制御回路のイミュニティ試験に関して1 MHzの減衰振動波試験法（**JEC-2500**-1987）および方形波インパルスによる耐ノイズ試験法（電力用規格 **B-402**）をこれまで広く使用してきた。減衰振動波イミュニティ試験，方形波インパルスイミュニティ試験の2種類の

試験法は，これら実績のある試験法を継承した試験法である。

(c) **技術要求に関する整合** 最近の発変電所では，GISが適用されているが，この開閉時に発生するサージは，数十MHzまでの高周波成分を含有することが知られている。**IEC規格**による試験法は，サージイミュニティ試験が標準雷インパルス波形を，減衰振動波イミュニティ試験が1MHzの減衰振動性サージを伴う気中開閉装置の開閉サージ波形を，それぞれ模擬したものであり，いずれもGISの開閉時に想定される高周波成分を含まない。EFT/Bイミュニティ試験は，再発弧現象を伴う気中の開閉サージ波形を模擬したもので，数十MHzまでの周波数成分を含んでおり，周波数の観点からはこの要求に応える試験方法である。さらに，方形波インパルスイミュニティ試験は，EFT/Bイミュニティ試験より高い周波数までの成分を広く含み，かつ，電圧しゅん度の大きい試験波形を採用しているため，周波数および電圧しゅん度の両者の観点からGIS開閉サージの模擬に適した試験法である。

3. 試験を実施する範囲について

(1) **対象装置** 保護制御装置の内，電気機械形機器は電磁妨害の影響を受けにくいと考えられるため，本規格ではイミュニティ試験の対象を，電子機器（ディジタル形，アナログ静止形）とした。

(2) **対象回路** 本規格では，回路の種類などにより低圧制御回路を回路区分に分けている。規格改定作業の準備として行った障害事例調査によれば，障害発生は回路区分4～5に集中していた。このため，電磁妨害の影響を受けやすい電子機器が多く用いられており，障害発生が顕著な回路区分4～5について，試験を行うことにした。

解説表2 回路区分毎のイミュニティ試験実施の考え方

回路区分番号	サージレベル	電子機器の適用	障害発生数	試験方針（対象：雷／主回路開閉サージ）
1～3	大	少ない	少ない	電子機器では試験実施の必要性があるが，試験レベルを現状では決められない。
4～5	中	多い	多い	必要性があり，試験を行う。
6～8	小	多い	ほとんどない	必要性が少なく，試験を行わない。

備考1. 回路区分1～3は侵入サージレベルが高い回路区分であるが，イミュニティが問題となる電子機器の実用例がわずかであること，サージ発生源である開閉機器のサージレベルが規定されていないこと，および機器近接のためケーブルなどでのサージの減衰が期待できず一律の取り扱いが困難であることから試験電圧を規定しなかった。

2. 低圧制御回路内部から発生する開閉サージ，例えば直流制御回路の開閉サージを考慮して，補助リレーの開閉サージ波形を模擬しているEFT/Bイミュニティ試験のみ回路区分6～7にも適用した。

4. 試験電圧値について

国内で実績のある試験法については，その試験電圧値を採用した。国内で実績の少ない試験法については，**IEC規格**の試験レベルを参考に試験電圧値を定めた。

解説表3 サージ発生様相とサージ試験内容

サージ種別	発生要因	低圧回路への侵入経路 電気協同研究第57巻第3号1-3より	特徴 発生電圧※	特徴 発生周波数※	試験種別と印加波形例
雷サージ	電気所への直撃雷や架空地線から接地網へ流入する雷電流	・雷電流が電気所の母線、接地線など、近接する制御ケーブルに電圧が誘導し、雷サージが侵入 ・電気所の接地電位が上昇、近傍に布設された制御ケーブルに電圧が誘導され、雷サージが侵入 ・計器用変成器の一次側雷サージ電圧、電流が二次回路に誘導し、雷サージが侵入	4 000 V程度 注：雷撃電流流入地点から10 mの場合。電気協同研究第57巻第3号第3-2-4表参照	概ね20 kHz以下 注：電気協同研究第57巻第3号付録第12「雷放電波形および雷標準電圧波形の周波数特性」参照	○雷インパルス試験 ・電圧波形：±1.2/50 μs （JEC-0202-1994標準雷インパルス電圧・電流試験一般による。） ・極性：正および負を各3回 ○サージイミュニティ試験 ・開回路電圧波形：1.2/50 μs ・短絡回路電流波形：8/20 μs ・極性：正および負を各5回 ・印加間隔：1分間隔以上 (1) 開回路電圧の波形 波頭長：$T_1=1.67×T=1.2$ μs±30% 波尾長：$T_2=50$ μs±20% (2) 短絡回路電流の波形 波頭長：$T_1=1.25×T=8$ μs±20% 波尾長：$T_2=20$ μs±20%

注※ 装置入力段での値

― 45 ―

サージ種別	発生要因	低圧回路への侵入経路 電気協同研究第3号第57巻第1-3より	特徴 発生電圧※	特徴 発生周波数※	試験種別と印加波形例
開閉サージ / GIS開閉サージ	GISの遮断器、断路器および接地開閉器の開閉操作	・GISタンク外被に発生したサージが制御ケーブルに侵入 ・計器用変成器を介して、二次回路にサージが移行し、サージが侵入	1 000 V 程度以下	数十MHz 注：電気協同研究第57巻第3号3-4(2)開閉サージ参照	○方形波インパルスイミュニティ試験 ・極性：正および負を各1回 ・立上り時間：1 ns ± 30% ・パルス幅：100 ns ± 30%（50Ω終端）（50Ω終端） ・インパルス繰返し周波数：50または60 Hz ・印加時間（1回）：2秒間
開閉サージ / 気中開閉サージ	気中絶縁機器（遮断器、断路器および接地開閉器）の開閉操作	・主回路の開閉操作により発生したサージ電圧が接地電位を変動させ、近傍に布設された制御ケーブルに移行し、サージが侵入 ・計器用変成器を介して、二次回路にサージが移行し、サージが侵入	2 500 V 程度以下	数MHz	○減衰振動波イミュニティ試験（詳細は下欄参照） ・発振周波数：1 MHz ± 10% ・立上り時間：75 ns ± 20% ・減衰率：第3～6周期間でピーク値の50% ・繰返し頻度：6～10回/商用周波の1周期（非同期） T_1：立上り時間（75 ns）　T：発振周期（1 µs）
開閉サージ / 直流回路開閉サージ	機械式リレー接点や半導体スイッチの開閉動作なお、直流回路の開閉サージは回路条件（電源電圧、負荷電流および回路定数）に依存するが、サージが一定の期間断続的に繰り返し発生する傾向あり	・直流回路の容量性や誘導性の負荷導電性負荷を接点で開放することにより発生	3 000 V 程度以下	数十kHz～ 1 MHz	○EFT/Bイミュニティ試験 ・極性：正および負を各1回 ・立上り時間：5 ns ± 30% ・パルス幅：50 ns ± 30% ・繰返し周期：0.2 ms ・印加時間（1回）：1分間 単一インパルス波形 バースト長 15 ms　バースト周期 300 ms

注※　装置入力段での値

- 46 -

解説3. 回路区分例

変電所における低圧制御回路への侵入サージレベル，重要性などに応じた回路区分の一例を**解説図1**，**解説図2**に示す。

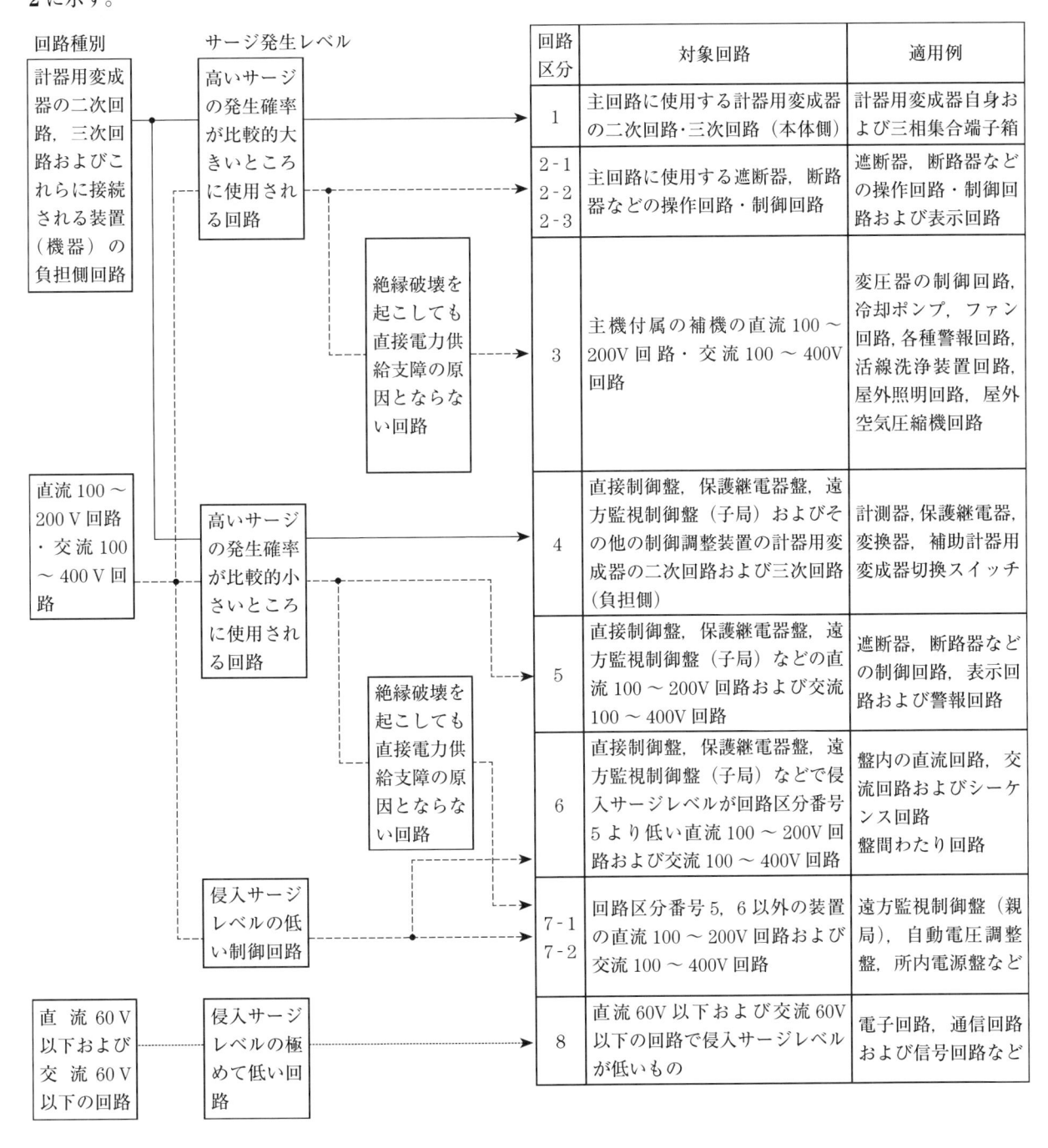

回路区分	対象回路	適用例
1	主回路に使用する計器用変成器の二次回路・三次回路（本体側）	計器用変成器自身および三相集合端子箱
2-1 2-2 2-3	主回路に使用する遮断器，断路器などの操作回路・制御回路	遮断器，断路器などの操作回路・制御回路および表示回路
3	主機付属の補機の直流100～200V回路・交流100～400V回路	変圧器の制御回路，冷却ポンプ，ファン回路，各種警報回路，活線洗浄装置回路，屋外照明回路，屋外空気圧縮機回路
4	直接制御盤，保護継電器盤，遠方監視制御盤（子局）およびその他の制御調整装置の計器用変成器の二次回路および三次回路（負担側）	計測器，保護継電器，変換器，補助計器用変成器切換スイッチ
5	直接制御盤，保護継電器盤，遠方監視制御盤（子局）などの直流100～200V回路および交流100～400V回路	遮断器，断路器などの制御回路，表示回路および警報回路
6	直接制御盤，保護継電器盤，遠方監視制御盤（子局）などで侵入サージレベルが回路区分番号5より低い直流100～200V回路および交流100～400V回路	盤内の直流回路，交流回路およびシーケンス回路 盤間わたり回路
7-1 7-2	回路区分番号5，6以外の装置の直流100～200V回路および交流100～400V回路	遠方監視制御盤（親局），自動電圧調整盤，所内電源盤など
8	直流60V以下および交流60V以下の回路で侵入サージレベルが低いもの	電子回路，通信回路および信号回路など

解説図1　回路区分の適用例

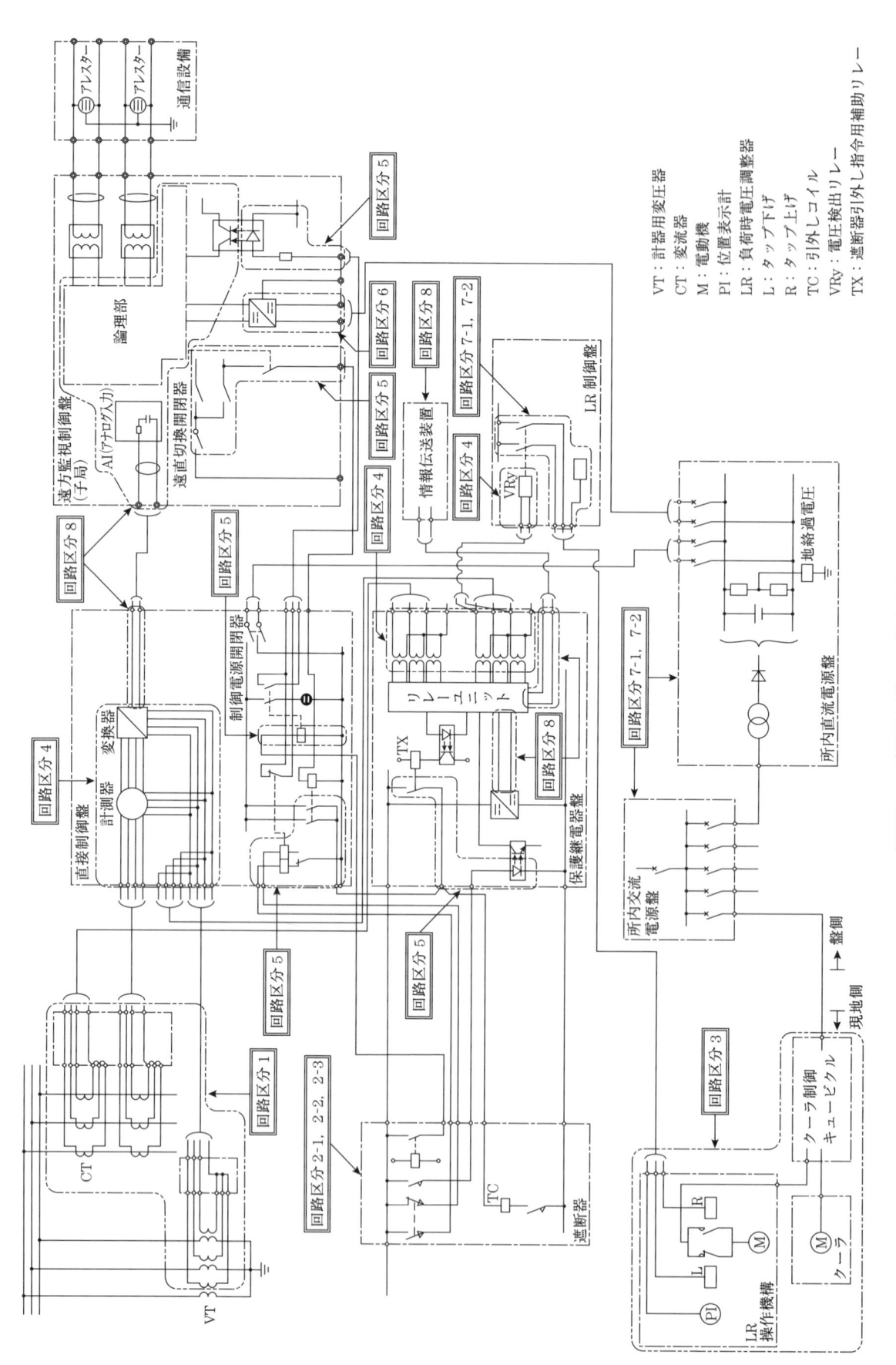

解説図 2 試験電圧値の回路区分説明図

解説 4. 雷インパルス耐電圧試験値決定の考え方

　旧規格 **JEC-210**-1981 における，雷インパルス耐電圧試験電圧値については，昭和 51 年に報告された「低圧制御回路絶縁設計」（電気協同研究　第 32 巻　第 2 号）を基調として制定したものである。今回の改訂にあたり，雷インパルス耐電圧試験電圧値は，実フィールドにおける電気所直撃雷模擬試験データなどを参考に一部を追加したが，下記の理由により従来の試験電圧値をほぼ踏襲した。

- 従来の試験電圧値は長期間にわたる運用実績を有し，製造者，使用者ともに定着していること
- 低圧制御回路の多様性のため，現在の回路シミュレーション技術では，電気所直撃雷時に低圧制御回路に生じる過電圧の様相を詳細に評価できないこと

1. 雷インパルス耐電圧試験値の考え方

　従来の試験電圧値は，電気事業用発変電所における低圧制御回路のサージの統計的予測結果および部品・器具の保有絶縁レベルをもとにして，機器・装置の重要性のほか経済性も勘案し，回路区分ごとに定めたものである。基本的な考え方を解説図 3 に示す。

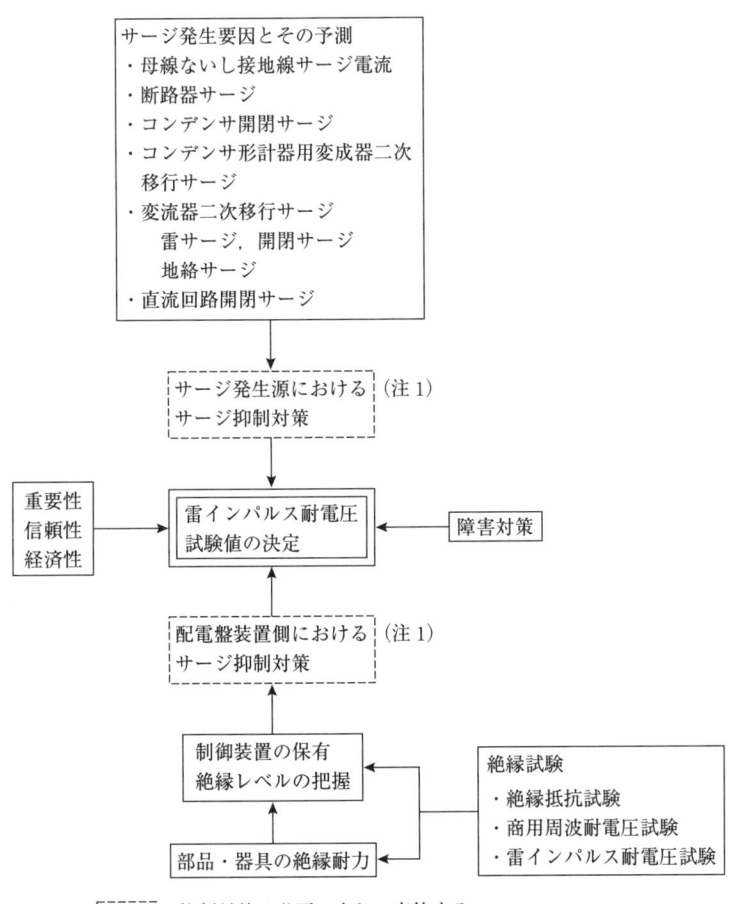

（注 1）　[＿＿＿]の抑制対策は必要に応じて実施する。

　　解説図 3　低圧制御回路の耐電圧試験電圧値の決定（出典：**JEC-210**-1981）

2. 低圧制御回路に発生するサージの種別，波高値および発生ひん度

解説表4に電気事業用発変電所内の低圧制御回路に発生するサージの種別，波高値および発生ひん度を示す。

解説表4 低圧制御回路のサージ概要（遮へい層のない制御ケーブルを用いた発変電所）

発生サージ種別	サージの波高値と発生箇所	発生ひん度の概略	備考
雷サージ 雷サージ電流が接地網に流入することにより誘導サージを発生	機器側　　約3.0 kV 〃　　　　約4.5 kV 〃　　　　約7.0 kV 配電盤側　約3.0 kV 〃　　　　約4.5 kV 〃　　　　約7.0 kV	約40年に1回 約65年に1回 約110年に1回 約85年に1回 約150年に1回 約400年に1回	一電気所あたりIKL30，雷撃対象の電気所面積は11 000 m²として，現地サージ試験データなどより推定
断路器サージ 開極時，高周波サージ電流がコンデンサ形計器用変圧器を流れその電流により誘導	機器側　　約4.3 kV 配電盤側　約2.4 kV	1年に約100回 （操作回数）	コンデンサ形計器用変圧器は鉄構架台据え付けとし，断路器サージは，開路時に極間が対地電圧の2倍の時に再点弧するとして計算．文献も参考にして推定した
コンデンサ開閉サージ	機器側　数百V以下	開閉操作ごとに発生	接地電流は考慮しないものとして，実験と計算により推定
コンデンサ形計器用変圧器二次移行サージ	機器側 配電盤側　数百V以下	一次側に雷サージが侵入するごとに発生	接地電位上昇によるサージは対象外，実験と計算により推定
変流器二次側移行サージ　雷サージ	機器側 配電盤側　約4.5 kV	一次側に雷（5 kA）サージが侵入するごとに発生	変流器800/5 A，雷サージ5 kAとして，実験と計算より推定
変流器二次側移行サージ　地絡サージ	機器側 配電盤側　約4.7〜7.7 kV以下	至近端に地絡が発生するごと（約40年に1回）に発生	変流器800/5 A〜1 200/5 A，66 kVケーブル26回線引出しの場合，事故点300 mとして，計算により推定
直流回路の開閉サージ	機器側 配電盤側　大略3.0 kV以下	遮断器操作，コイル開閉ごとに発生	コイルおよびスイッチの特性によりサージは低減，計算と文献により推定

（出典：電気協同研究　第32巻　第2号「低圧制御回路絶縁設計」第1-1表）

3. 雷インパルス電圧に対する低圧制御回路の絶縁レベルの調査結果

解説表5に雷インパルス電圧に対し，低圧制御回路が有する絶縁レベルの調査結果を示す。

解説表5 雷インパルス電圧に対する低圧制御回路の絶縁レベル

(単位：kV)

回路区分	対象回路		対地	電気回路相互間	接点極間 計器用変成器回路	接点極間 直流回路 交流回路	コイル端子間 計器用変圧器回路	コイル端子間 変流器回路	コイル端子間 直流回路 交流回路
1	主回路に使用する計器用変成器の二次回路・三次回路（本体側）		7	4.5			4.5	4.5	
2	主回路に使用する遮断器・断路器などの操作・制御回路		5～7	3		2～3			2～3
3	主機付属の補機の直流100～200V回路・交流100～400V回路		3	2～3		2～3			2～3
4	監視制御盤・保護継電器盤・遠方監視制御盤（子局）ならびにその他制御調整装置の計器用変成器の二次回路・三次回路		4～4.5	4～4.5	4～4.5		3	4.5	
5	直接制御盤・保護継電器盤および遠方監視制御盤（子局）	サージの侵入する直流100～200V制御回路，ただし直接電力供給支障の原因となる部分	直接制御盤用・保護継電器盤用	4～4.5	2～3		2～3			2～3
5			遠方監視制御盤（子局）用	3～4.5	1.5～2		1.5～2			1.5～2
5		サージの侵入する直流100～200V補助回路・交流100～400V補助回路（表示・警報など）	直接制御盤用・保護継電器盤用	3～4.5	2～3		2～3			2～3
5			遠方監視制御盤（子局）用	3～4.5	1.5～2		1.5～2			1.5～2
6		サージ侵入レベルの低い直流100～200V回路・交流100～400V回路		3～4.5	—		—			—
7	上記以外の装置の直流100～200V回路・交流100～400V回路			3～4.5	1.5～3		1.5～3			1.5～3
8	直流60V以下・交流60V以下の回路で侵入サージレベルの低いもの			—						

(出典：電気協同研究 第32巻 第2号「低圧制御回路絶縁設計」第3-6-1表)

4. 回路区分4における規定値について

本規格では，各回路区分における対地と電気回路相互間の試験電圧値の関係が，ほぼ，対地の試験電圧値が電気回路相互間の試験電圧値以上，となっているが，回路区分4のみ，対地が4kVであるのに対して，電気回路相互間は4.5kVと規定している。

低圧制御回路の絶縁設計手法については，電気協同研究 第32巻 第2号「低圧制御回路絶縁設計」に詳述されている。この中で"望ましいインパルス絶縁レベル"（「低圧制御回路絶縁設計」第1-3表）として，回路区分4は，対地，電気回路相互間[2]ともに4.5kVを提唱している。

しかしながら，インパルス試験電圧値を決定する際に，対地，電気回路相互間ともに"装置"と"部品"に試験電圧値を区分し，装置は4kV，部品は4.5kVとした。旧規格（**JEC-210**-1981）の試験電圧値は，対地

に上記"装置"の4kVを，電気回路相互間に"部品"の4.5kVを採用している。

"部品"に対し"装置"の試験電圧値を若干低下させている理由として，以下を述べている。

- "望ましいインパルス絶縁レベル"にまで耐電圧値を上げることは経済的に影響する。一方，現状の耐力で実際上大きなトラブルを生じていない。
- 各端子に一括印加する装置試験の場合には，多数の箇所に同時にインパルスが加えられることになり，確率的に耐電圧は低下する。したがって，試験電圧値をわずかに低下させても，部品試験（電気回路相互間）の試験電圧値と同等と考えても差し支えない。

本回路区分の低圧制御回路の雷インパルス耐電圧に対する実力レベルは4～4.5kVとしており，"部品"と"装置"の実力レベル差を考慮したとも思われる。

今回の規格改定では，上記の点についても審議を行ったが，現状の試験電圧値でも不都合が生じていないことから，回路区分4の雷インパルス試験電圧値については，旧規格を踏襲することとした。

注(2) 同表中では，"異回路間"と記載。

解説5. 主回路に使用する遮断器・断路器などの操作回路および制御回路（回路区分2）の雷インパルス試験電圧値

今回の改訂で，標記回路の雷インパルス耐電圧試験値について，回路区分2-2を設け，"接地抵抗値が小さい電気所で，制御ケーブルの遮へい層を両端接地している場合"など，雷インパルス試験電圧値に5kVを選択できるものとした。

本規定値は以下を考慮し採用することとした。

- 従来の規定値は，制御ケーブルの遮へい層を接地しない状態を前提に定められたものであり，現在の設備実態（超高圧以上の電気所では制御ケーブルの遮へい層両端接地が基本）を考慮すべきである。
- 近年行われた実電気所における雷サージ侵入を模擬した実測結果から，制御ケーブルの遮へい層を両端接地している場合には，機器の制御回路に移行する電圧が3kV程度に抑制されることが確認できる（**解説表6** 実測例1，実測例2）。
- 過去10年間程度における雷サージによる保護制御装置の不具合実績調査の結果，超高圧以上の電気所での障害発生は4件（雷サージによる不具合220件中）と限定的である[1]。

ここで，接地抵抗値が小さいことが必ずしもサージ電圧を抑制する必要条件とはいえないが，本規格では，サージ電圧抑制効果の確認ができている実電気所と同条件の場合，すなわち超高圧以上の電気所を試験電圧低減の可能な対象とした。

また，規定値の5kVは，**IEC**規格値（標高2000mにおける定格雷インパルス電圧値4kVを，海抜0～500mに標高補正した4.7～4.8kV）を考慮し定めた。

一方，接地抵抗値が数Ωの154kV以下の電気所については，制御ケーブルの遮へい層を両端接地していても，最近の雷による制御装置の不具合実績調査の結果から，耐電圧4kVを満足する盤側でも雷による障害が散見さ

れている[1]ことから，回路区分2-1を適用することが妥当と判断した。

154 kV以下の電気所における試験電圧値低減については，実設備による試験を踏まえた判断が必要である。

解説表6　雷サージ侵入を模擬した実験における誘導電圧測定結果

			実電気所における実験		電気所模擬設備による実験		
			実測例1[2]	実測例2[3]	実測例3[4]	実測例4[5]	実測例5[6]
制御ケーブル遮へい層	接地せず	主機器側	−	−	−	16.0 kV	−
		装置側	−	−	3.2 kV	5.0 kV	0.71
	両端接地	主機器側	2.7 kV	1.0 kV	−	0.2 kV	−
		装置側	0.7 kV	−	0.5 kV	0.2 kV	0.12
電気所形態または模擬形態			275 kV電気所	275 kV電気所	77 kV電気所を模擬	77 kV電気所を模擬	1 000 kV電気所実証設備
接地抵抗値			0.2 Ω	0.24 Ω	3 Ω	4.2 Ω	0.15 Ω
雷サージ電圧の換算条件，他			45 kA相当[7]の雷撃電流に換算した電圧値	100 kA相当の雷撃電流に換算した電圧値	インパルス電圧560 kV[8]における実測値	6.3 kA相当の雷撃電流に換算した電圧値	2.5 kV程度の電圧印加時の電圧移行率

注(1)　「保護制御システムのサージ対策技術」，電気協同研究, 57, No.3 (2002-2) 2-2-2障害発生様相の分析
　(2)　植田，根尾，米田，塚田，小沢，岡部，北住：「300 kV GISの直撃雷試験結果」, 1995電学B大, 640 P.869
　(3)　波多野，石川，植田，野嶋，本山：「新設275kV全GIS変電所での実規模雷サージ試験における低圧制御回路誘導電圧」, 電学論B, 122, No.10 (2002) P.1 110
　(4)　林田，中釜，福園，豊田，関岡：「発変電所における低圧制御回路に発生する過電圧の実験的検討」, 電学論B, 117, No.7 (1997) P.1 039
　(5)　T. Sonoda, Y. Takeuchi, S. Sekioka, N. Nagaoka, A. Ametani：「Induced Surge Characteristics from a Counterpoise to an Overhead Loop Circuit」電学論B, 123, No.11 (2003) P.1340
　(6)　「保護制御システムのサージ対策技術」，電気協同研究, 57, No.3 (2002-2) 第3-2-5表　実測試験結果
　(7)　論文における雷サージ電圧値は100 kA換算値で示されているが，測定はGIS直撃模擬であるため，変電所に侵入する雷電流として本表では45 kA換算値を採用した。
　(8)　本実測例はインパルス電圧発生器による。

解説6.　耐電圧試験条件

1.　雷インパルス耐電圧試験における印加極性

針−平板電極のような不平等電界では，いずれの電極を正極にするかによって破壊電圧が異なる。この場合，針を負極とした方が正極とする場合より絶縁破壊電圧が高くなる。このように，いずれの電極を正極とするかによって破壊電圧が異なることを"極性効果"という。旧規格（**JEC-210**-1981）では試験を簡素化するために極性効果を考慮して「正負極性3回については，極性効果が判明している場合は苛酷側と判断される片極性のみの実施でよい」ことを規定していたが，本規格では以下の理由により正極性および負極性で試験することとした。

(1)　計器用変成器などのように極性効果が明確になっている機器もあるが，本規格の多くの対象である制御盤，保護継電器盤のように構造が複雑な盤などでは明確になっていない。このように，極性効果は機器によって異なることから，極性効果の有無による試験の簡素化については，必要により個々の機器規格で規定するこ

とが適当である。

(2) 極性効果が明らかでない機器に対して，耐電圧試験の簡素化を目的として新たに極性効果を確認するためには，絶縁破壊試験の実施が必要になる。それよりも両極性の試験を実施したほうが効率的である。

2. 電動機など汎用性の高い器具類の取扱い

機器・装置の一部に本来の機能の優先，または汎用性の高い器具（**JIS**，**JEC** 規格品など）を用いるなどの理由により，試験電圧に耐えないものを使用する場合がある。これに該当する器具類としては，以下のようなものがある。このような場合には，低減電圧試験または該当器具を除外して規定の試験を行うものとする。

なお，試験電圧値の低減，当該器具の除外の可否については，個々の機器・装置の使用条件や求められる信頼性がそれぞれ異なることから，個々の機器規格において定めることとした。

(1) リミットスイッチ，圧力スイッチ，サーモスタット，表示灯，蛍光灯，コネクタ，ワイヤスプリングリレーなど

(2) 電動機，シンクロ電機（セルシン）など

(3) 回数計，時間計，各種記録計など

3. 直接制御盤・保護制御盤・遠方監視制御盤（子局）の耐電圧試験

3.1 接点極間のフラッシオーバに関する事項

解説図 4 の回路において，盤内配線によっては引出端子のない内部配線部分の浮遊容量 C_S が接点極間浮遊容量 C_P に対して極めて大きくなる場合があり，雷インパルス耐電圧試験（一括対地）の際に，試験電圧の大部分が接点極間（$S_1 \sim S_4$）に加わることがある。

以上のような場合には，使用者と製作者間の協議により，適切な対策（当該箇所の取り外しなど）を講じたうえで試験を行うものとする。

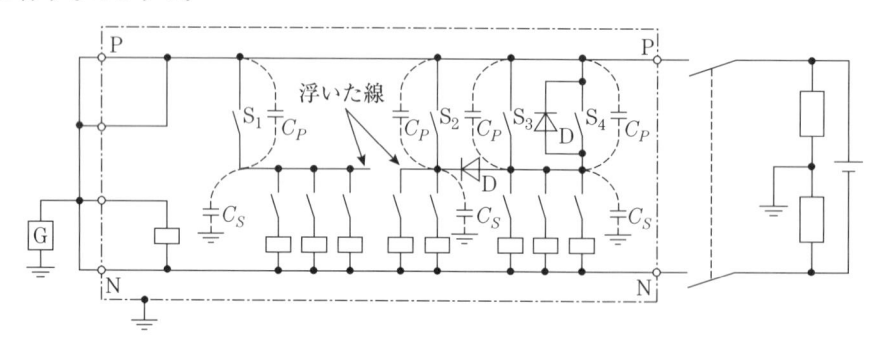

$S_1 \sim S_4$：接点　　C_P：接点 $S_1 \sim S_4$ などの浮遊容量
G：波形発生器　　C_S：引出端子のない内部配線部分の浮遊容量
D：整流器

解説図 4　直流回路一括対地試験例

3.2 外部に直接接続されていない半導体回路などの間接回路に関する事項

外部と直接接続されていない半導体回路などの間接回路に対して装置の一括試験を行う場合は，サージ吸収器の除外などにより実使用状態と異なり，サージの移行電圧が非常に大きくなる場合がある。このような場合には，使用者，製作者間の協議により適切な対策（当該箇所を取り外す，プリント基板を抜く，回路を短絡するなど）を行ったうえで試験を行うものとする。

4. 試験対象回路以外の回路区分の端末処理方法

試験対象回路以外の回路区分における外部端子の端末処理例を解説図 5 に示す。

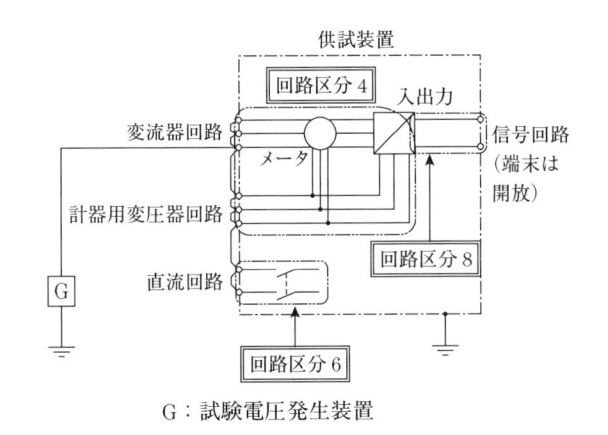

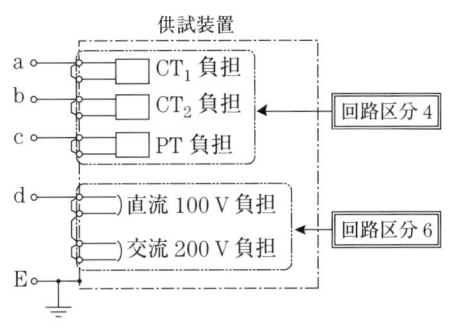

(i) 端子 a-b, c, d, E 間に試験電圧を印加
(ii) 端子 b-a, c, d, E 間に試験電圧を印加
(iii) 端子 c-a, b, d, E 間に試験電圧を印加

(a) 商用周波耐電圧試験・雷インパルス耐電圧試験
　　（一括対地）

(b) 商用周波耐電圧試験
　　（電気回路相互間）

解説図 5　外部端子の端末処理例

解説 7. 電動機の使用状況および障害発生状況

　低圧制御回路を構成する器具として幅広く使用されている電動機の耐電圧試験については，個々の機器規格である **JIS C 4210**-2001（一般用低圧三相かご形誘導電動機），**JEC-2120**-2000（直流機）および **JEC-2137**-2000（誘導機）で規定されている。また，電動機を低圧制御回路の一部として含む電力機器（以下，（　）内は用途を示す）としては，遮断器（油圧ポンプ用，電動ばね蓄勢用），断路器・接地開閉器（操作用），変圧器冷却器（油ポンプ用，冷却扇用），変圧器負荷時タップ切換器，活線浄油機などがある。このような電力機器には，前記の規格で規定された汎用の電動機が一般的に用いられている。それぞれの電動機における試験電圧値，それぞれの電力機器における電動機の使用状況，障害発生状況などを**解説表 7**に示す。

　解説表 7で示した環境下で使用する場合，本規格で規定する耐電圧試験を行わずとも実使用状態において問題を生じない場合が多いと考えられることから，低減電圧試験または該当器具を除外して規定の試験を行うことが妥当である。

解説表 7 電力機器に使用されている電動機の状況

No.	項　目	遮断器用電動機	断路器・接地開閉器用電動機	負荷時タップ切換器用電動機	変圧器冷却器用電動機
1	使い方とサージの侵入頻度	電動機は、常時は電磁接触器などで回路から切り離されている。遮断操作後に運転される。電動機ばね操作ならば開閉サージが発生する。超高圧以上で主に使われている油圧操作では、油圧が低下すると電動機が運転する。いずれのケースとも、開閉サージ、雷サージの侵入時に電動機が運転されての確率は極めて小さい。電圧および発熱が少ないことから経年劣化は、運転頻度がないことから通常の電動機より大幅に小さいと考えられる。	電動機は、常時は電磁接触器などで回路から切り離されている。主回路の開閉操作ならば開閉動作時に電動機が運転されるので、開閉サージと電動機の運転は重畳である。運転頻度は少ない。また、開閉サージ、雷サージの侵入時に電動機が運転されての確率は極めて小さい。電圧および発熱が少ないことから経年劣化は、運転頻度がないことから通常の電動機より大幅に小さいと考えられる。	電動機は、常時は電磁接触器などで回路から切り離されている。タップの上げ・下げ操作をするときに電動機が運転される。1日数回から100回程度である。1回の電動機運転時間は10秒以下である。雷サージ、開閉サージの侵入時に電動機が運転されての確率は極めて低い。電圧および発熱が少ないことから経年劣化は、運転頻度による発熱がないことから通常の電動機より大幅に小さいと考えられる。	常時運転されている電動機と、重負荷時のみ運転される電動機がある。雷サージ、開閉サージの侵入時に電動機は運転されているのが通常である。
2	サージの大きさ	電動機部分のサージ電圧を測定したデータはない。サージのレベルは高くなる可能性がある。しかし、最近の20年間発生しておらず、電動機部分のサージは小さいと考える。電動機巻線の対地静電容量が大きいことから侵入サージを低減している可能性もある。	電動機部分のサージ電圧を測定したデータはない。サージによる絶縁破壊の実績は最近の20年間発生しておらず、電動機部分のサージは小さいと考えるものがある。電動機巻線の対地静電容量が大きいことから侵入サージを低減している可能性もある。	電動機部分のサージ電圧を測定したデータはない。主回路に近いことから、サージによる絶縁破壊の実績は最近の20年間発生しておらず、電動機部分のサージは小さいと考えるものがある。電動機巻線の対地静電容量が大きいことから侵入サージを低減している可能性もある。	電動機部分のサージ電圧を測定したデータはない。主回路から比較的離れており、構造的にも電磁界的にかなり遮へいされた環境下で使用され、サージレベルは小さくなるものと考えられる。サージによる絶縁破壊の実績は最近の20年間発生しておらず、電動機部分のサージは小さいことから電動機巻線の対地静電容量が大きいことから侵入サージを低減している可能性もある。
3	障害実績	最近の約20年間、過電圧による電動機の絶縁破壊の報告はみられない。サージによる主回路の絶縁破壊事故が5年間で43件、保護制御システムの障害が10年間で307件、また、電動機も接続されている機器低圧回路の障害が22年間で26件報告されている中で、電動機の絶縁破壊（製作不良、経年劣化を除く）の報告はなく、十分な信頼性が確保されていると考えられる。			

電動機および機器低圧側の事故・障害調査結果

No.	事故・障害	件　数
1	サージによる機器の低圧側の障害[(1)]	26件/22年
2	サージによる電動機の障害[(2)]	0件/22年
3	サージによる電動機本体の事故[(2)]	43件/5年
4	サージによる保護制御システムの障害[(3)]	307件/10年

注(1) 最近の22年間（1980〜2002年）についての全電力会社に対するアンケート調査結果である。そのうち電動機の障害は3件あったが、製作不良による1件であり、サージ交流過電圧による電動機の事故・障害は0件の2件であった。経年劣化によるものは0件であった。（出典：「変電設備の点検合理化」電気協同研究 第56巻 第2号）
(2) 1992〜1997年のデータ（出典：「変電設備の点検合理化」電気協同研究 第56巻 第2号）
(3) 1999年までの10年間程度のデータ（出典：「保護制御システムのサージ対策技術」電気協同研究 第57巻 第3号）

		4 電動機障害時の影響と要求信頼度	5 電動機の実状						
			種類	適用規格	商用周波耐電圧試験値	雷インパルス耐電圧試験電圧値	備考	参考	改造
		主に超高圧以上で使用されている油圧操作形では、主にCO操作なしでCO操作2回が、154 kV以下で使用されている電動ばね操作形ではO-CO操作が可能である。したがって、電動機が絶縁破壊した場合でも直ちに系統運用上大きな支障が生じることはない。その後は手動操作となる。遮断器は事故遮断、再閉路など非常に重要な機能を果たす機器であるから電動機に対する要求信頼度も高い。	主として超高圧以上で使われている油圧操作形は交流電動機が使用されている。主として154 kV以下で使われている電動ばね操作形では直流電動機が使用されている。	・交流電動機：JIS C 4210 -2001 JEC-2137-2000 ・直流電動機：JEC-2120 -2001	・2E + 1000 V、ただし、1 kW以上では最低1500 V。	なし	・大半が1 kW以下の電動機	・IEC 60034-1 Edition 11.0 -2004 (Rotating electrical machines - Part 1：Rating and performance) でも商用周波耐電圧試験値は、JEC、JISと同一。	一般に、商用周波耐電圧試験電圧値4.5 kVおよび7 kVとした場合、改造を要する。電動機は汎用性の高い機器であるが、それを改造した場合には、経済性および信頼性面での検討を要する。
		遠方操作はできなくなる。現地で手動操作となる。ただし、事故遮断ではないので一般には緊急性はない。遮断器はどこではないものの、主回路の入り切りに関係するので、電動機に対する要求信頼度は比較的高い。	直流電動機が使用されている。	・JEC-2120-2001	同左	同左	・大半が1 kW以下の電動機	同左	一般に、商用周波耐電圧試験電圧値2 kV、雷インパルス耐電圧値3 kVとした場合、改造を要する。電動機は汎用性の高い機器であるが、それを改造した場合には、経済性および信頼性面での検討を要する。
		並列バンクがある場合は、タップずれになっているので、タップを手動で合わせ、その後は固定タップ運転または手動での操作となる。	交流電動機が使用されている。	・JIS C 4210-2001 ・JEC-2137-2000	同左	同左	—	同左	同左
		一般には予備器があるので、影響は少ない。							

解説 8. イミュニティ試験条件

イミュニティ試験の試験条件について，その決定根拠，準拠規格との相違点などを以下に示す。

1. 試験条件

(1) **減衰振動波イミュニティ試験**　本規格では，100 kHz の試験および最初の半周期の極性を規定しなかった。また，電気回路端子間の試験電圧値を 2.5 kV，試験電圧印加時間を 2 秒間とした。

　(a) **100 kHz の試験**　100 kHz の試験を規定しなかった根拠は次のとおり。

　　・気中変電所で観測される開閉サージの周波数は，サージ伝搬経路の回路定数に依存するため，約 5 kHz 〜 5 MHz に分布しているが，**IEC 61000-4-12**-2001 では周波数 1 MHz がこれらを代表するものとしている。また，**IEC TS 61000-6-5**-2001 も周波数に 1 MHz を選定している。

　　・イミュニティ試験の厳しさの評価法を調査した，電気協同研究 第57巻 第3号「保護制御システムのサージ対策技術」では，イミュニティに問題が発生する限界点で，"試験電圧と周波数の積が一定"となる実験結果が示されている (p90, 第 3-3-45 図)。これは，試験電圧を固定した試験では，100 kHz より 1 MHz の方が厳しい試験となることを意味する。実態としても，周波数が高い GIS の開閉サージによる障害率が，気中絶縁開閉装置 (AIS) に比較して 2 倍程度多い (p23, 第 2-2-17 表)。

　　・国内において 100 kHz の試験の実績はない。

　(b) **最初の半周期の極性**　IEC 61000-4-12 では最初の半周期の極性を正および負と規定しているが，以下の理由により本規格では規定しなかった。

　　・既存の試験器では極性の切り替えが困難である。

　　・試験の目的から最初の半周期の極性による影響は少ないと考えられる。

　　・**JEC-2500**-1987 (電力用保護継電器) (**IEC 60255-22-1**-1988 (1 MHz burst disturbance tests) に準拠) で規定していない。

　(c) **試験電圧値**　IEC 61000-4-12 では電気回路端子間の試験電圧値は 1 kV であるが，国内で十分な実績がある **JEC-2500** で採用されている，2.5 kV を試験電圧値とした。

　(d) **試験電圧印加時間**　気中絶縁断路器および GIS の断路器の開閉サージ継続時間に対し，十分なマージンを考慮し，2 秒間とした。

(2) **電気的ファストトランジェント／バースト (EFT／B) イミュニティ試験**　試験電圧印加時間は，**JIS C 61000-4-4**-1999 では 1 分間未満の試験電圧印加時間を認めていないため，1 分間と明確化した。

(3) **サージイミュニティ試験**

　(a) **試験電圧・試験電流の印加回数**　JIS C 61000-4-5-1999 では最低 5 回と規定しているが，本規格では規定をより明確にするために 5 回とした。

　(b) **サージ発生器**　JIS C 61000-4-5 においてコンビネーション波形発生器 ($1.2／50\,\mu s - 8／20\,\mu s$) および ITU-T (旧 CCITT) による発生器 ($10／700\,\mu s$) が規定されているが，**JIS C 61000-4-5** 附属書 A に従い，コンビネーション波形発生器のみを規定した。

なお，供試装置が接続された状態で電気的に等価性を確保することができれば，コンビネーション波形発生器に代えて，標準雷インパルス電圧波形発生器を使用することができる。

(4) **方形波インパルスイミュニティ試験**　試験電圧印加時間は，GISの断路器の開閉サージ継続時間に対し，十分なマージンを考慮し，2秒間とした。

2. 試験回路（解説表8参照）

(1) **減衰振動波イミュニティ試験**　試験回路はIEC 61000-4-12に準拠した。しかし，IEC 61000-4-12では単相の交流／直流電源ポート，三相の交流電源ポートおよび独立回路の入力／出力ポートに分けて試験回路が示されているが，国内で十分な適用実績のある規格JEC-2500の試験回路に合わせて，計器用変成器回路，制御入出力回路および制御電源回路に分けて示した。IEC 61000-4-12ではPE（欧米で行われている配電用変圧器の接地電位と同等の接地）が図示されているが，我が国の実情に合わないのでこれを除外した。

IEC 61000-4-12では独立回路入力／出力ポート線間試験が規定されているが，低圧制御回路では制御入出力回路は一般には電源回路に接続されており，制御電源回路端子間試験で包括されると考え，また計器用変成器回路はJEC-2500と同様に，端子間試験を規定しなかった。

(2) **EFT/Bイミュニティ試験**　試験回路はJIS C 61000-4-4に準拠した。ただし，JIS C 61000-4-4では，計器用変成器回路と制御入出力回路とは区別せず，これらの回路を一括して試験電圧を印加することとしているが，本規格では，他のイミュニティ試験と整合をはかるため，区別して印加することとし，その試験回路はJEC-2500を参考にした。

(3) **サージイミュニティ試験**　試験回路はJIS C 61000-4-5に準拠した。ただし，回路種別，印加箇所および試験回路に関しては，JIS C 61000-4-5に試験回路例が，交流／直流電源線への容量結合の試験セットアップ例，交流電源線（三相）への容量結合の試験セットアップ例などのように記載されているが，他のイミュニティ試験との整合性を考慮し，本規格ではJEC-2500を参考にして表現の統一をはかった。

減衰振動波イミュニティ試験では，該当回路を一括して大地間に試験電圧を印加できるので，印加箇所を"回路一括対地"としている。これに対して，サージイミュニティ試験は，JIS C 61000-4-5の規定により回路個別印加となるので，印加箇所を"回路対地"とした。

本試験には入出力回路端子間の試験回路をJIS C 61000-4-5に準じて設けた。また，これは，本試験が雷サージを模擬した試験であること，雷インパルス耐電圧試験ではこれらの回路の端子間に電圧印加する試験も行うことから，これと整合をはかることも考慮した。

なお，入出力回路端子間に試験電流を通電する場合，閉路した補助リレー接点回路などでは器具の耐量を超える場合が考えられることから，このような場合には試験電圧・試験電流を低減して試験を行うこととした。

(4) **方形波インパルスイミュニティ試験**　試験回路は，国内電力会社の保護継電器および保護装置の標準を定めた電力用規格B-402を参考にした。ただし，B-402では印加箇所"回路一括対地"に対して試験回路図が"回路対地"の図で示されているため，本規格では，印加箇所の表現と試験回路図を合わせることとし，JEC-2500を参考にして"回路一括対地"の図とした。

なお，結合回路が内蔵された試験電圧発生器の構造上の制約で"回路一括対地"印加できない場合は，個別に"回路対地"で印加することは許容するものとした。

解説表8 各種イミュニティ試験回路の比較

試験の種類		減衰振動波イミュニティ試験			電気的ファストトランジェントバースト(EFT/B)イミュニティ試験		サージイミュニティ試験		方形波インパルスイミュニティ試験		
		IEC 61000-4-12[1]	JEC-2500	規格	JIS C 61000-4-4	本規格	JIS C 61000-4-5	本規格	JEM-TR 177	B-402	本規格
試験回路 入出力回路	計器用変成器回路[2] 一括対地	○	○	○	○[4]	○	-	-	EFT/Bイミュニティ試験と同じ扱い	○	○
	対地	-	-	-	-	-	○	○		-	-
	端子間	○[3]	-	-	-	-	○	○		-	-
	制御入出力回路 一括対地	○	○	○	○[4]	○	-	-		○	○
	対地	-	-	-	-	-	○	○		-	-
	端子間	-	-	-	○	-	○	-		-	-
電源回路	制御電源 一括対地	○	○	○	-	○	○	○		○	○
	対地	-	-	-	-	-	-	-		-	-
	端子間	○ (1 kV)	○ (2.5 kV)	○ (2.5 kV)	-	-	-	-		-	-
備考		○：試験の対象　－：試験の対象外										

注(1) IEC 61000-4-12 では、入出力回路（ポート）の線間試験を規定している。
(2) IEC 61000-4-12, JIS C 61000-4-5 では計器用変成器回路の記載がないが、この表では入出力回路に分類した。
(3) IEC 61000-4-12 では、変流器回路、計器用変圧器回路の端子間試験を規定しその試験電圧値は対地試験電圧値の1/2である。一方、IEEE C 37.90.1 では変流器回路端子間を試験から除外し、計器用変圧器回路の試験電圧値を対地試験と同一としている。
(4) JIS C 61000-4-4 では、計器用変成器回路と制御入出力回路とは区別せず、これらの回路を一括して試験電圧を印加することとしている。

― 60 ―

3. 結合／減結合回路網

　試験電圧・試験電流の印加に使用される結合／減結合回路網の詳細は，関連する **JIS 規格・IEC 規格・JEC 規格**または個々の機器規格によるものとして，本規格では定めなかった。なお，結合／減結合回路網に対する規定を整理して，**解説表 9** に示した。

解説表 9　結合／減結合回路網に対する規定

試験の種類	減衰振動波 イミュニティ試験[1]	電気的ファストトランジェント／バースト（EFT/B）イミュニティ試験	サージ イミュニティ試験[2]	方形波インパルス イミュニティ試験
結合／減結合回路網に対する規定	結合／減結合回路網 ・結合回路網は，200 Ω の発生器インピーダンスに対して 0.5 μF ・結合減衰量　1 dB 以下 ・コモンモード減結合　20 dB ・ディファレンシャルモード減結合　30 dB	AC／DC 電源供給ポート用結合／減結合回路網 ・周波数領域　1～100 MHz ・結合コンデンサ　33 nF ・結合減衰量　＜2 dB ・コモンモード減結合減衰量　＞20 dB ・各線路間の漏話減衰量　＞30 dB ・結合コンデンサの絶縁耐圧　5 kV 容量性結合クランプ（入出力回路，通信回路） ・ケーブルと結合クランプ間の代表的な結合容量　50～200 pF	電源供給回路の容量結合 ・結合コンデンサ　9 μF または 18 μF ・減結合インダクタンス 1.5 mH 相互接続線の容量結合 ・結合コンデンサ　0.5 μF ・減結合インダクタンス　20 mH	規定なし[3]
出典	IEC 61000-4-12	JIS C 61000-4-4	JIS C 61000-4-5	－

注(1)　減衰振動波イミュニティ試験は JEC-2500 および IEC 60255-22-1 にも規定されている。ここでは，結合（カップリング）コンデンサは 0.5 μF，ブロッキングコイル 1.5 mH と規定されている。
　(2)　サージイミュニティ試験は IEC 60255-22-5-2002 にも規定されている。ここでは，結合コンデンサ 9 μF は直列抵抗 10 Ω を付加して補助電源供給回路の対地試験に，結合コンデンサ 18 μF は補助電源供給回路の線間試験に，結合コンデンサ 0.5 μF は直列抵抗 40 Ω を付加して入出力回路の対地試験・線間試験に適用することが規定されている。
　(3)　国内で使用されている試験電圧発生器の定数は，結合コンデンサ 0.2 μF，減結合インダクタンス 200 μH である。

4. 機器配置例（解説 9 参照）

　イミュニティ試験の機器配置については，試験合理化の観点から統一をはかり，機器配置例として記載した。

解説 9．　機器配置例

　イミュニティ試験の機器配置については，それぞれのイミュニティ試験に対応する **JIS 規格・IEC 規格**などにて規定されており，これらに準拠して試験を行うことは可能であるが，本規格では，試験合理化の観点から統一をはかり，機器配置例として記載した（**解説表 10** 参照）。

1. 機器配置の統一

　本規格においては，試験合理化の観点から機器配置のうち，以下を統一することとした。
・基準接地面材質，寸法
・結合／減結合回路網と供試装置間のケーブル長（1 m 以下）
・試験電圧または電流発生器と結合／減結合回路網のケーブル長（1 m 以下）

・卓上機器用試験の基準接地面の位置（机上とする）

上記のケーブル長，卓上機器用試験の基準接地面の位置については，試験時の配線長によるインダクタンス分の影響を極力少なくすることを考慮して定めた。

一方，規格値の根拠が不明確な，"供試装置と基準接地面との絶縁支持具の厚さ"（供試装置と基準接地面間の距離）については，当事者間の協議によるものとし，本規格では規定しなかった。

検討内容を以下に示す。

2. 各種イミュニティ試験の機器配置

JIS規格や**IEC**規格などで規定している，各種イミュニティ試験の機器配置を比較すると以下のとおりである。

(1) 減衰振動波イミュニティ試験，**EFT/B**イミュニティ試験　　機器配置は，**IEC 61000-4-12**-2001，**JIS C 61000-4-4**-1999のそれぞれで規定されており，試験に用いるケーブル長，床置機器用試験における基準接地面の位置，供試装置と基準接地面間の距離はほぼ同じであるが，卓上機器用試験における基準接地面の位置，供試装置と基準接地面間の距離に相違がある。

(2) サージイミュニティ試験　　機器配置は，**JIS C 61000-4-5**-1999では特に規定していない。

(3) 方形波インパルスイミュニティ試験　　機器配置は，**B-402**（平成9年）では規定がなく，**JEM-TR 177**-2003では，EFT/Bイミュニティ試験と同じ扱いとしている。

3. 卓上機器用試験における基準接地面の位置，供試装置と基準接地面間の距離

規格間で相違がある，卓上機器用試験における基準接地面の位置，供試装置と基準接地面間の距離について検討を行い，統一をはかった。

3.1 卓上機器用試験の機器配置に関する検討

前述した，卓上機器用試験の機器配置において基準接地面の位置，供試装置と基準接地面間の距離が減衰振動波イミュニティ試験とEFT/Bイミュニティ試験で相違することに関して，実使用状態面，試験時の試験電圧波形への配線長の影響面などから評価，検討すると，以下のとおりとなる。

(1) 実使用状態を考慮した場合の機器配置　　卓上機器は，通常，卓上に接地面を設けずに設置して使用することが多く，その場合は，床が接地面と見なされる。供試装置と基準接地面間の距離を机の高さ(0.8 m)とした機器配置は実使用状態を考慮したものと考えられる。**JIS C 61000-4-4**（EFT/Bイミュニティ試験）の基準接地面の位置が相当する。

なお，盤など床置機器に取り付けて使用する装置や器具の単体試験を机上で行う場合は，床置機器用試験相当の機器配置で行うことが妥当である。

(2) 試験時の配線長の影響を考慮した場合の機器配置　　試験時の配線長によるインダクタンス分の影響を極力少なくする場合，供試装置，試験電圧・試験電流発生器，結合／減結合回路網と基準接地面とを接続する接地線を最短化する必要があり，そのためには基準接地面を机上に設けた機器配置となる。**IEC 61000-4-12**（減衰振動波イミュニティ試験）の基準接地面の位置が相当する。

(3) 供試装置と基準接地面との絶縁支持具の厚さ（供試装置と基準接地面間の距離）　　EFT/Bイミュニティ試験の **JIS C 61000-4-4** で，供試装置と基準接地面間の距離を0.8 m（机の高さ）としているのは，上記(1)卓上機器の通常の使用状態を模擬しているものと考えられる。一方，EFT/Bイミュニティ試験より周波数成分が低い試験電圧・電流波形で実施する減衰振動波イミュニティ試験の **IEC 61000-4-12** で，供試装置と基準接地面間の距離を0.5 mmとし，さらに，基準接地面を用いない試験も許容している。

3.2 卓上機器用試験の基準接地面の位置，供試装置と基準接地面間の距離の統一

卓上機器用試験の基準接地面の位置，供試装置と基準接地面間の距離については，上記 **3.1** 項を総合的に判断して，次のとおりとした。

(1) 卓上機器用試験の基準接地面の位置　本規格では，試験時の配線長の最短化，試験の合理化の観点から，基準接地面は机上に設置するものとした。ただし，卓上機器の実使用状態を考慮して基準接地面を床に設置しても良いこととする。

(2) 供試装置と基準接地面間の距離　供試装置と基準接地面間の距離が，減衰振動波イミュニティ試験と EFT/B イミュニティ試験とで，床置機器用試験では 0.1 m と同じであるが，卓上機器用試験では相違する理由については明らかでないことから，床置機器用試験も含め，本規格では規定せず，個々の機器規格または当事者間の協議によるものとした。

4. イミュニティ試験の機器配置例

上述の検討を踏まえて，それぞれのイミュニティ試験の機器配置例を下記により定めた。

(1) 減衰振動波イミュニティ試験の機器配置例　機器配置例は，**IEC 61000-4-12** を参考にした。ただし，供試装置と基準接地面間の距離については，規定しなかった。

(2) EFT/B イミュニティ試験の機器配置例　機器配置例は，**JIS C 61000-4-4** を参考にした。ただし，卓上機器用試験の基準接地面の位置は机上とし，供試装置と基準接地面間の距離については，規定しなかった。

(3) サージイミュニティ試験の機器配置例　試験の合理化，試験方法の理解のしやすさの観点から，参考として機器配置例を記載した。機器配置例は，配線長などの影響を極力少なくして，規定のサージイミュニティ試験電圧・試験電流波形が供試装置に加わるよう，サージイミュニティ試験よりも高い周波数成分を含む試験電圧波形で実施する EFT/B イミュニティ試験の機器配置を参考にした。ただし，卓上機器用試験の基準接地面の位置は机上とし，供試装置と基準接地面間の距離については規定しなかった。

(4) 方形波インパルスイミュニティ試験の機器配置例　**JEM-TR 177** と同様に，EFT/B イミュニティ試験と同様な機器配置例とした。ただし，卓上機器用試験の基準接地面の位置は机上とし，供試装置と基準接地面間の距離については規定しなかった。

解説表10 各種イミュニティ試験の機器配置の比較

項　目		減衰振動波イミュニティ試験[1]		電気的ファストトランジェント/バースト (EFT/B) イミュニティ試験		サージイミュニティ試験		方形波インパルスイミュニティ試験	
		IEC 61000-4-12	本規格	JIS C 61000-4-4	本規格	JIS C 61000-4-5	本規格	JEM-TR 177	B-402	本規格
基準接地面	厚さ	0.25 mm以上	同左	0.25 mm以上	同左	記載なし。	※[3]	EFT/Bイミュニティ試験と同じ扱い	記載なし	本規格
	最小寸法	1 m × 1 m	同左	1 m × 1 m	同左					
	材質	銅またはアルミニウム	同左	銅またはアルミニウム	同左					
	供試装置からの離隔	0.1 m以上	―[4]	0.1 m以上	―[4]					
結合/減結合回路網と供試装置間のケーブル長		1 m	1 m以下	1 m以下	1 m以下	2 m以下	1 m以下			
試験電圧・試験電流発生器と結合/減結合回路網間のケーブル長		1 m	1 m以下	1 m未満	1 m以下	記載なし。	※[3]	EFT/Bイミュニティ試験と同じ扱い	記載なし	※[3]
床置機器	供試装置支持具と基準接地面との絶縁装置（＝供試装置と基準接地面間の距離）	0.1 m ± 0.01 m	―[4]	0.1 m ± 0.01 m	―[4]					
	基準接地面の位置	床	同左	床	床					
卓上機器	机の高さ	0.8 m	0.8 m ± 0.08 m	0.8 m ± 0.08 m（机の高さ）	同左	記載なし。	※[3]			
	供試装置支持具と基準接地面との絶縁装置（＝供試装置と基準接地面間の距離）	0.5 mm[2]	―[4]	0.8 m	―[4]					
	基準接地面の位置	机上	同左	床	同左					

注(1) 減衰振動波イミュニティ試験はJEC-2500-1987にも規定しているが、機器配置については記載なし。
(2) IEC 61000-4-12では、試験は、基準接地面を用いる場合と用いない場合のいずれかの方法で行うる。としており、基準接地面を用いる場合は0.5 mmとし、用いない場合については特に記載がない。
(3) ※は、本規格のEFT/Bイミュニティ試験の機器配置例と同じ条件であることを示す。
(4) ―は規定しないことを示す。

― 64 ―

Ⓒ電気学会 電気規格調査会 2005

電気学会 電気規格調査会標準規格
JEC-0103　低圧制御回路試験電圧標準

2005年11月30日　　第1版 第1刷発行
2025年 4月18日　　第1版 第3刷発行

編　者　電気学会 電気規格調査会
発行者　田　中　　聡

発　行　所
株式会社 電気書院
ホームページ　www.denkishoin.co.jp
(振替口座　00190-5-18837)
〒101-0051　東京都千代田区神田神保町1-3ミヤタビル2F
電話(03)5259-9160／FAX(03)5259-9162

印刷　株式会社TOP印刷
Printed in Japan／ISBN978-4-485-98943-2